# ころんでも、

# まっすぐに！

髙橋 忍 Shinobu Takahashi
＋
田中聖斗 Kiyoto Tanaka

## 犬に救われたドッグトレーナーが見つけた〈生命〉をつなぐ道

ゆいぽおと

飼い主に代金を払って保護した
ミニチュア・ダックスフントの〈祭〉

愛護センターから
いちばん最初に保護した
マルチーズの〈雪〉

咬みグセはあるけど
甘えん坊の
ミニチュア・シュナウザーの
〈メイ〉

ドキュメンタリー番組の主役となった
ドーベルマンの〈ヒカル〉

「冷凍処分」を免れた
エアデール・テリアの
〈レイリー(右)〉と
妹分の〈ソフィア〉

飼い主が妊娠に気づいて
いなかったチワワの〈ラン〉が、
保護してすぐに産んだ
チワワ三兄弟

# ころんでも、まっすぐに！

犬に救われたドッグトレーナーが見つけた〈生命〉をつなぐ道

髙橋忍＋田中聖斗

# ころんでも、まっすぐに！

## 犬に救われたドッグトレーナーが見つけた〈生命〉をつなぐ道　もくじ

# 第一章　〈生命《いのち》〉あるものと向き合う日々

## ある動物愛護団体《ぼくたち》の日常

「もう、飼っていくのはムリなんです」

電話口から聞こえるのは、悲痛というよりは、どこか他人事《ひとごと》のようなあきらめの声。

もう、何を言ってもムダだな、と思いつつも、念のため確認をさせてもらうのがいつものルールだ。

「どうしてムリなんですか？」

「近所から苦情があって、このままだとアパートを追い出されちゃうんで――」

相手が言いたいことはひとつ。

「――だから、ウチの犬を保護してほしいんです」


ここ、ＮＰＯ法人〈ＤＯＧ《ドッグ》　ＤＵＣＡ《デュッカ》〉は、飼い主と暮らせなくなったり、「殺処分」されそうになったりした犬の保護活動をしている、いわゆる動物愛護団体だ。

今、僕たちの元には、自分の飼っている犬を「手放したい」「引き取ってほしい」「保護してほしい」という飼い主からの依頼が、毎日のようにある。

そもそも、もう何十年も前から、飼っている動物を捨てることは、「動物の愛護及び管理に関する法律」いわゆる「動物愛護法」により犯罪として規定されており、二〇一三年に改正された現行法では、飼い主には「動物が死ぬまで面倒をみること（終生飼養）」が義務づけられ、それを破って動物を捨てた場合、百万円以下の罰金が課せられることになっている。二〇一九年に可決された改正で「一年以下の懲役」が追加されたが、いくら法律がそうなろうが、虐待動画がＳＮＳで拡散されたとか、ニュースになったなど、事件性のある「虐待」でもない限り、飼っている動物を捨てたことで罰せられることはほとんどなく、飼い主の都合で「飼育放棄」される動物は後を絶たない。そして今、その動物たちが、僕たちのような動物愛護団体にやって来ているのだ。

僕が子どもだった一九六〇年代は、動物を捨てることがそこまで問題になることは少なく、飼い主のいない「野良犬」が町中をうろついているのもわりと普通に見られる光景だった。時が経ち、一九八〇年代にもなれば、町中をうろついている犬は、飼い主とはぐれたか、飼い主に捨てられたのかはわからないが、ほぼ百パーセント、人間と暮らしていた犬で、見つかれば即、保健所や動物愛護センターなどの施設に連れて行かれ、そこで何日か待って飼い主が現れなければ、殺処分されるようになった。

そして今や、世の中的に、「殺処分をなくしていこう」という風潮になっているのはみなさんご存知のとおり。だから、僕たちのような動物愛護団体の所に直接連れて来られる犬もいるし、「殺処分ゼロ」を目標に掲げる動物愛護センターも増えてきた。

日本では、いまだ年間八三六二頭の犬が殺処分されている（二〇一七年度実績）。それでも、十年前の二〇〇七年度は九万八五五六頭で約十倍だったことを考えると、どれだけ減らすことができたか理解していただけると思う。かくいう僕も、「犬の殺処分ゼロ」のために必死になって活動をしてきた自負もある。

そんな時代だからだろう、昔よりも犬を堂々と捨てることに対しての、ある種の「後ろめたさ」が強くなっており、それが、僕たち動物愛護団体に、「保護してほしい」と言ってくる犬もとになっているのではないだろうか？という気もする。

最近はテレビで取り扱われることも増えてきたが、たいして動物が好きではないという人からすると、僕たち動物愛護団体の活動は、なかなか身近ではないと思う。むしろ、動物愛護なんて言うと、「とにかく動物が第一で人間の迷惑を考えない困った人たち」とか、「動物のためならどんな手段でもとる過激な偽善団体」とイメージされる方もいるかもしれない。実際僕も、そんなイメージを持っていた時代もあった。

だからここで少し僕たちのことを紹介させてほしい。

ＮＰＯ法人〈ＤＯＧ　ＤＵＣＡ〉は、犬の社会性を身につけるための保育園〈わんわん保育園ＤＵＣＡ〉と、犬のシャンプーなどをする〈トリミングサロンＤＵＣＡ〉を経営する、プロのドッグトレーナーでもある僕、高橋忍が二〇一〇年に立ち上げた、犬に特化した動物愛護団体だ。

犬の愛護団体というと、いわゆる「犬の保護活動をする団体」というイメージがあるかもしれない。たしかに最近は、保護活動がテレビで紹介されたり、芸能人が「愛護団体から譲渡された保護犬、保護猫を飼っている」とＳＮＳで世間にアピールしたりなど、愛護団体の認知度も高くなってきたといえる。けれど、ひとくちに「保護犬」といっても、「老犬」や「病気のある犬」のほか、「吠え」や「咬みつき」がひどいなどの理由で、一般の方に譲渡するのが難しい犬もおり、そういう犬ほど真っ先に捨てられ、殺処分となっている現実もある。ドッグトレーナーである僕はそこをなんとかしたいと思い、とくに「問題行動がある」とされた犬を保護し、トレーニングを施し、社会性を身につけさせてから里親さんに譲渡しており、そうやって、今では里親さんの元で幸せになった犬も多く、すでに何百頭と譲渡してきた。

しかし、「保護」、「譲渡」と言うのは簡単だけど、その間、僕たちで犬の面倒を見ることになる。これはまわりの人が考えている以上に大変だ。

僕たちが保護した時点で、それは我が子だ。どの犬もまずは動物病院で健康診断を受けさせ、健康状態をチェック。そこで病気などがあれば治療も行うし、去勢や避妊手術も、癌の予防になったり穏やかになったりと、メリットも大きいので健康状態を見ながら行うことにしている。病院からここに連れ帰ってからも、生き物だから、毎日のように必要なものが出てくる。犬の健康状態に合わせたゴハン、オシッコで汚れるトイレシート、ウンチを拾うチリ紙、トレーニングのときに使うオヤツ、持病があればその薬代や手術代にも、当然お金がかかる。ほかにもトレーニングはもとより、トリミングやシャンプー、散歩の時間も必要だ。病気があったり高齢だったりして、なかなか里親さんとのご縁に恵まれない犬であれば、介護もしながら亡くなるまで面倒見ることも少なくない。これらにかかるお金は、自治体からの助成は一銭もないので、当然のことながら愛護団体の持ち出しと寄付によるものだ。だから、「ここまでしかやりません」と決めている団体さんもある。

そういった現実があるので、「自分も愛護団体を作りたいです！」と熱く語っていても、現実に打ちのめされて挫折する人も多い。続けていけなければ、動物たちが路頭に迷う。「動物が好き」なだけでも、「生命を救いたい」だけでもできない仕事だ。

僕たちの仕事は、〈生命《いのち》〉を「救う」だけじゃなく、「つなぐ」ことなんだ。それができないのであれば、〈生命〉を守れたということにはならない、と僕は考えている。

だからこそ、常に理想と現実の間で闘う毎日だ。

ほかにも〈DOG　DUCA〉では、犬の飼い方に困っている飼い主さんの相談にのり、飼い主さんへの育て方のアドバイスや、必要に応じて犬へのトレーニングをしたりしている。また、動物病院などで出張「しつけ教室」を開催して、犬だけでなく、人に対しても、「正しい犬との接し方」を伝えている。それは、僕たちが活動理念《ミッション》として「人と犬のより良い共存」を掲げているからでもある。

とはいえ近頃は、そういったドッグトレーナーとしての仕事よりも、犬の保護活動にばかりスポットライトがあたり、ネットで「犬の保護」と検索するとすぐ〈DOG　DUCA〉が出てくるようになった。そのせいか、全国から保護の相談が増え、日々、対応に追われている。

そういった変化のなかで、最近の風潮には「なぜ？」と思うことも多い。

## 「保護」の現場で起きている変化

僕が〈DOG　DUCA〉を立ち上げた当初は、「飼い主が亡くなったから」とか、「迷子になっていた」とか、「咬みつきがひどいから」とか、「子どもがアレルギーになってしまったから」とか、そういった理由でやむなく手放されたり、（本当は捨て犬かもしれないが）迷い犬として動物愛護センターに収容されてしまい、あとは殺処分を待つのみだったりというような不幸な犬を救い出す、文字通りの「保護」が多かった。

しかし最近は、「引っ越すことになったから」とか「犬が歳をとったから」とか「思っていたのと違うから」というような理由で、実に簡単に「保護してほしい」と言ってくる人が後を絶たない。ひどい場合は、「こんなにウンチをすると思わなかったから」と、信じられないことを平気で言う人もいる。動物なんだからウンチするのは当たり前でしょ!?

……もちろんこれは、ただの捨てる言い訳でしかないと思うのだけど、どんな理由であれ、自分の都合で捨てるという点ではどれも同じだ。

僕が経営している〈わんわん保育園〉や〈トリミングサロン〉の利用者さんに、そうやって捨てられた保護犬たちの事情を話すと、みな一様に、「信じられない」という顔をするし、犬を飼っていない人であっても同じ反応をする。しかし、僕たちにはこういったことが日常茶飯事になりすぎて、ちょっとやそっとのことでは驚かなくなってしまった（さすがにウンチは「?」だったけど……）。

もちろん、「犬が歳をとったから」と言って捨てようとする人には、心の中で「家族と同然だったはずなのに、捨てるか?」という想いを抱えながら、「八年も一緒に暮らしたんだから、最期の時まで一緒に過ごしてあげましょう」とか、「平均寿命まであと数年ですよ?　そばにいてあげてください」などと言って、最後の最後まで説得をする。だけど、それで考えを変える人はいない。

ここに電話をしてきたときから「結論」は決まっているからだ。

結果、あまりにもひどい飼い主の場合は、僕は感情的な人間なので、「二度と動物を飼うな！」とハッキリ言ってしまうこともある。あまりこういうのも良くないとわかってはいるが……これ以上不幸な犬を増やさないためにも、誰かが言わないといけないのだ。

しかし、どれだけキツく言っても、「また飼えなくなった……」と言って何回も飼育放棄する人もいる。犬は「弱い」生き物だ。人間が守らなければいけない。しかし現実として、その弱い犬のためではなく、自分のために犬を飼う人間が多い、ということだろう。


以前は、「しつけが必要な犬」の相談が多かった。

「しつけをしてきたが言うことを聞かない」

「他のドッグトレーナーの所にも預けたがどうにもならなかった」

「動物病院の先生に、凶暴な子だから治らないと言われた」

「お手上げだから引き取ってほしい」

――と、「ＳＯＳ」のような形で助けを求めて電話してきたり、直接来たりする人が多かった。だから僕たちはまず、しっかりと事情を聞き、犬のプロとしてアドバイスしたり、可能であればここに犬を連れてきてもらったり、出向いてトレーニングをしたりして、飼い主さんと幸せに暮らせるようにしていた。〈わんわん保育園〉に通園しながら、社会性を身につけていくことができた犬も多い。

また、ここで飼い主さんが犬との正しい接し方を学ぶことで、犬との関係も良好になり、「見捨てなくてよかった」と言ってもらえるのは、僕たちの最高の喜びだ。

## 誰のための保護？

しかし、最近はちょっと事情が違ってきて、ここで紹介したような、「保護」ありきの人が増えてきた。たしかに、「犬を手放そう」という考えにおよんだという点では、ＳＯＳを飛ばしてきた人たちと同じだ。

だけど、保護ありきの人は、助けを求めてくる人たちとは根本的に違う。

何が根本的に違うのか？　ひとつには「声」だ。

ＳＯＳを飛ばしてくる人は、無力感や悲壮感がただよった声で話す。だから深く話を聞いていると、「咬み付かないようになれば……」とか「しつけがきちんとできたら……」というような、本当は飼い犬と一緒に暮らしていきたいという本音が口に出る。だから、こちらから「こうしたらいいんですよ」とか「一度ここに連れて来てください」と提案すると素直に聞いてくれる。

たとえば、「吠えがひどく近所迷惑でこれ以上飼えない」と言ってきた場合、ここに犬を連れて来てもらって、飼い主に犬が吠えないようにする方法を伝えたり、トレーナーが犬をトレーニングしたりすることで、とても聞き分けのいい犬《コ》になり、その後はおだやかに暮らすことができるようになった――なんていうのはよくあることだ。「誰にもなつかない」と言われていた犬も、飼い主の間違った接し方を指摘し、僕が正しいやり方を見せ、三十分もせずに従順に変わった飼い犬に対して、「理解してやれなくて、ごめんなぁ」と、涙を流して飼い犬に謝った飼い主さんは、一人や二人ではない。もちろん、それから飼い犬を手放そうとすることもなく、当然、こちらにＳＯＳをしてくることもない。むしろ、何年か経って、亡くなったことをわざわざ知らせに来てくれ、そのときのお礼を言われることすらある。

僕たちは、そういう、犬と飼い主さんとの「再生の物語」をたくさん見てきているだけに、ちょっと話すだけで、「この人は最初から捨てる気だな」「飼育放棄だな」というのがすぐわかる。犬と離れることへの「ツラい気持ち」を一ミリも感じることはないからだ。

むしろ彼らの口調は、何年も飼っている犬のことなのに、どこか他人事で、真剣味すら感じない（ヘラヘラした口調の人すらいる！）。生命《いのち》ある生き物、一緒に暮らしてきた家族の今後の生き死にに関わる話をしているはずなのに、最期まで一緒にいられない悲しさや苦しさ、それについて悩んでいる感じが、まったくしないのだ。口を開けば、犬のことよりも、「このままだと市営住宅を追い出されてしまい、生活できない」とか、「このまま犬を飼えば離婚される」とか、いかに自分が困っていて、不幸なのかをアピールするばかりで、口では「殺処分がかわいそうだから」と言うけれど、犬のためより自分のためじゃないかと言いたくなることも多い。

それでも、こちらもできる限りのアドバイスや提案はする。だが、向こうは全部「無理」としか言わないし、「飼い犬と暮らし続けるためにはどうしたらいいか?」とか「どうやって譲渡先を見つけたらいいか」など、「犬のためにできることは何か」と聞いてこないどころか、考えるそぶりすらも見せない。最初から結論ありきで、連絡をしてきたときには、もう捨てる気なのだ。「動物愛護団体が、犬を『保護』するのは当たり前」だと思っているようにすら感じる。だから、いかに「自分が困っているか」を必死にアピールして、早く「保護」しろと言わんばかりの話し方をするし、実際、それをストレートに言われることもある。「愛護団体だろ? つべこべ言わずさっさと保護してくれ!」と。そんな人も、一人や二人ではない。

だからこそ、こちらが何を言おうと、「捨てる」結論を変えることは絶対にない。

もう、飼い犬に対して、「愛情」がないのだ。

こういった人たちにもうひとつ共通した特徴は、「保護してほしい」という言葉を使うことだ。

これは〈わんわん保育園〉の利用者さん（みなさん愛犬家だ）に言われて気づかされたのだが、「もし万が一、どうしても手放さないといけなくなった自分の家族に対して、引き取ってほしいとか、面倒を見てほしい、とは言うかもしれないが、自分の都合で捨てるのに、保護という言葉を使うのはありえない」と……たしかに！

実際、もともと僕たちが保護してきたのも、迷子で引き取り手がないとか、飼い主に見捨てられたとか、もうすぐ殺処分されそうとか、いわゆる「不幸」とされてきた犬たちだ。だから、たとえば福祉団体から、「独居老人が亡くなり、身寄りもいないので、飼っていた犬を保護してほしいのだけど……」と相談を受ければ、保護しに行った。僕たちが動かなければ、最悪の場合、殺処分されてしまうからだ。

「保護」というのはつまり、消えるかもしれない尊い〈生命〉を救う活動なのだ。これは人間の子どもでも同じだろう、虐待されているから生命を救うために保護するハズだ。

だから、飼い主さんからの「保護してほしい」という言葉には違和感がある――それもそうだ、親が自分の子どもを「保護してほしい」なんて言うはずがないからだ！

こんなことはこれまでなかったのだが、それは現代の、「殺処分はいけないこと」という風潮や、「保護ブーム」の影響もあるだろう。「捨てる」と言うと法的に罪に問われるので「保護」という言葉を使う人もいるかもしれないし、僕たちのような保護を目的とする団体の認知度が高くなったので、そこに頼む「便利な言葉」になっているのかもしれない。

いずれにしろ、「保護してほしい」というそのひとことで、飼い主が、飼い犬に対して、完全に愛情がないんだなということがわかる。


これはおそらく、現代の動物愛護行政が昔と変わってきたことと無関係ではない。

昔の保健所や愛護センターは、狂犬病を出さないことと、人の生活環境をよくすることが最優先されていたので、どんな理由であろうと動物の引き取りを拒否することができず、すべて受け入れて殺処分していた。地域によっては、いらなくなった動物を定期的に回収しに回っていた時代もある。でも、「殺処分ゼロ」の気運が高まり、動物愛護法が改正されて飼い主の終生飼養が義務化され、愛護センターなどを運営する行政が、「捨てたい」と連れ込まれた動物の受け取りを拒否することができるようになった。どうしても引取先が見つからないなどで、愛護センターに引き取りをお願いしても、「新しい引取先が見つからなければ、殺処分になることもあります」と強く言って、飼い主に再考を促すようにしている。そうすることで、「殺処分ゼロ」を実現した自治体もある。それは本来、センター職員の「なんとか一緒に暮らす方法を見つけてあげて！」というメッセージなのだが、最初から捨てることしか考えていない飼い主は、良心も痛まず、罪にも問われずに飼育放棄ができる、別の「捨て先」を探すようになった。それが、僕たちのような動物愛護団体だ。だから、僕たちに「保護してもらわなきゃ困る」のだ。かくして、日本全国の愛護団体のところに、今日も飼い主から飼育拒否された動物たちが持ち込まれる現状がある。そして、すでにもうパンクしている団体もある。

もちろん、動物愛護にもいろいろな課題はある。でも、飼い主たちが、動物たちと一緒に暮らし続けることを真剣に考えて、「動物を捨てる」という選択さえしなければ、こんなことにはならない。

この国では、はじめから飼ってはいけない人が飼っている現状が、まだまだあるのだ。

そんな飼い主に対して、いろいろと思うこと、言いたいことはあるけれど、僕たちは、そんなところで暮らし続ける犬の方がかわいそうだと思い、文字通りの「保護」を決める。それは、その飼い主のためではなく、犬のため、小さな〈生命〉を守るためだ。

その犬《コ》がもっと幸せに暮らせる場所は、必ずある。
なければ僕たちが探すだけだ。

### 犬も人も、「いらない」が多くないか？

僕たちの保護活動のなかには、ニュースでも取り上げられるような、動物をたくさん飼いすぎて、近所から苦情が来て問題になる、いわゆる「多頭飼育崩壊」の現場からの保護もあるし、迷子の犬を見かけた人が直接連れて来ての保護もあるし、飼育放棄で愛護センターに連れて来られ、殺処分されそうになった犬を保護することもある。

でも、以前よりも、身勝手だなと思うことは本当に多い。

保護活動を始めてから、「最近はこんなこともある」とか「最近はおかしい」と言うと、「昔の方がもっと捨てられていた」とか「今のほうがまだマシでしょ」と言われることも多い（「歳をとったからだ」と言われることもあるが……）。たしかに、動物がいらなくなったから保健所や動物愛護センターに連れて行く、ということは昔から行われていたので、それはそうだと思う。けれど、全部が全部その通りとも言い切れない。なぜなら、昔の方が、多少なりとも生命を大事にする価値観が浸透していたように思えるからだ。これは犬に限った話でもない。

たとえば、縁日で買ったカメや金魚が大きくなりすぎて、「広いところで暮らす方が幸せだろう」と近所の池に放つなんてことは、昔は普通にあった。今は、生態系という点で見ると良いことではなくなったが、それでもそこには、目の前の生命あるものに対しての愛情が見えた。子犬や子猫をダンボールに入れて、「かわいがってください」と書き置きするのも、多少なりとも愛情があるといえる。動物実験に使われた動物、殺処分された動物に対して施設が供養をするのもそうだろう。いろいろ批判はあるだろうが、それでもそこには、生命あるものに対して、最低限の敬意や尊厳を持つ姿勢がある。

それがどうだ。最近は、親から虐待を受けたことを自分の子どもや飼っているペットにくり返したり、小動物を惨殺してそれをあえて通学路に放置するイヤガラセをしたり、動物愛護団体と名乗っておきながらカゲで動物を虐待していたりすることもある。その残虐性には目を覆うばかりで、動物に対しての愛情はもちろん、生命に対しての敬意や尊厳はみじんも感じられない人が増えた気がする……それは言い過ぎだろうか？

ここに連れて来られる犬も、虐待を受けていたなと感じるケースは結構ある。昔は、「しつけ＝叩くこと」という考えが当たり前だったからか、今でも体罰が正当という考え方の人が多いせいだろう。ゴルフクラブで殴られて頭が陥没してしまっていた犬もいた。

とくに最近の傾向は、人間の児童虐待でもあるように、叩かないまでも、精神的な虐待をされてきたと感じるケースも多い。ご飯を満足に与えられていない犬とか、運動が必要な犬なのにずっとサークルに入れっぱなしとか、犬にも感情があることを忘れているかのような態度をとり、そのくせ、「吠える犬が悪い」と言う。どう見ても、愛情があるとは思えない行為なのだ。

そこまでひどいことはなくても、飼い主から「保護してください」と連れて来られた犬たちには、愛情がかけられていないな、と感じるケースが少なくない。

たとえば、何年も飼っている犬なのに、その犬《コ》が食べ慣れているはずのドッグフードも持って来なければ、使っていたであろうオモチャ、その犬《コ》が寝ていたベッドなど、何一つとして持って来ない人がいる。子どもに置き換えて考えてみても、もし万が一、諸事情で子どもを手放すことになったとしても、今までその子が大事にしてきた宝物があれば、それを持たせるのが普通の親の考えじゃなかろうか？

だけど、かなり多くの人が、何も持ってこない!!　もちろん、フードからベッド、サークルなど一式持ってくる人もいる（なかには、ホコリがかぶった皿や使用期限の切れた予防薬など、「ゴミの処分か？」というケースもあるが……）。ここは保護活動だけでなく、〈わんわん保育園〉や〈トリミングサロン〉もやっているので、その利用者さんが、そういった使い古されたボロボロのベッドなどを見て不思議に思って聞いてくることがある。保護犬の飼い主が持ってきたものだと伝えたら衝撃を受けていたが、僕に言わせれば、持って来る人はまだ、愛情がある方だ。本当に愛情がない人は、何も持って来ないし、何も伝えようとしない。

たとえば、この犬はこういう性格だとか、こういうものが好きだとか、こんな持病があるとか、こんな病歴があったとか――僕たちが保護した後、新しい里親に譲渡した後で必要になる情報を、こちらが深く聞かない限り、何も言ってこない。人間の子どもに置き換えて考えてもらうとわかりやすいかもしれないが、子どもを一時的に預かるとして、その子に何らかの持病があると聞いていれば、ちょっとおかしいなと思ったときにすぐ、病院に連れて行くなり薬を飲ませるなりの対処ができるだろう？

しかし、「保護してほしい」と言ってくる人はむしろ、犬の年齢を偽ったり、持病や病歴を隠したりしてなんとか保護してもらおうとする。もし万が一、保護した後や譲渡した後にその犬が体調を崩したり、病気が再発したりしたら、どうするつもりだ!?――と思いつつも、理由は聞かなくてもわかる。

老犬や、持病を持っている犬は、ほとんどの愛護団体で受け取りを断られるからだ。受け取ってもらえさえすれば、万が一のことが起きても、「知ったこっちゃない」のだ。

いくらなんでも、こんなこと以前はありえなかった。

以前は、こちらが、「新しい飼い主のところに行ったときに困らないようにするため」と言えば、狂犬病予防の際の登録書類や迷子のときに役立つマイクロチップの書類などは全部持って来たし、別れ際に「元気でね」と泣きながら抱きしめていく人も、そう珍しくはなかった。でも今、「保護」ありきの人は、マイクロチップも「入っているはずだけど書類はどっか行った」と言ったり、明らかに飼い主なのに自分は弟だと偽って「自分の犬じゃないいから病気があるかはわからないけど、ないと思う」と言ったり(わからないのに「ない」と言うのはおかしいだろ!)、別れ際に犬と目も合わせず去っていくような、愛情のない人が増えてきた気がする。これは僕の娘が目撃したことだが、「保護してほしい」と犬を連れて来て、ここを出た瞬間に「せいせいしたね」と笑って話しながら帰った親子もいた。

そんなことだから、僕は保護犬や保護猫がブームになるにつれて、「保護」というその言葉が、捨てることへの後ろめたさを隠すための隠れ蓑《みの》のようになってしまっている気がしてならない。

なぜなら、そこには、少しでも元気で生きていてほしいために広い池にカメを放つような、〈生命〉あるものへの想いというか配慮がまったく感じられないからだ。現代の、いらなくなったらすぐポイ捨てする風潮と同じような扱いをされている動物がたくさんいる。だから僕は、「今のほうがマシ」とは、とても思えないのだ。

それにしても、いつからこんなに〈生命〉って軽くなったんだ？

僕が歳をとったからかもしれないが、最近は、昔とは明らかに違って、「そんなのが理由になる？」という理由で、生命が軽んじられる風潮を感じる。犬に限った話ではない。人間だって、やれ、「気に入らないから刺した」だの、「死刑になりたいから殺した」だの、「親がうるさいから殺した」だの、聞いている方が、「そんなんで？」と疑いたくなるような理由で、簡単に生命を終わらせてしまうことが増えてきたように思う。そして、普段は周りにそんなそぶりを見せないのがまた残忍だ。

人間ですらそうなんだから、それが、人間より弱い存在の動物に起きたって不思議じゃない。それは、僕が犬と飼い主をたくさん見てきたから、よけいに思う。

とにかく、「えっ、生命ってそんな軽かった？」って聞きたくなることが、ホントに多い。多すぎだ！　使い終わったティッシュみたいな感覚で、たった一つしかない生命を簡単に捨てられると思っているのか!?

たしかに今、犬は贅沢品みたいなものだ。

昔は、庭に犬小屋があって、もらってきた犬を鎖でつないで、人間の残飯を食べさせ、知らない人が来たら吠える「番犬」が当たり前だった。でも今は住宅事情も変わって、犬を庭につないでおくようなスペースがある家も少なくなったし、たとえあっても家の中で自由に動き回れるようにされている犬が多い。ペットの飼える集合住宅もかなり増えたし、トラブルを避けるために、ペットが乗っているときは他の階を通過するエレベーターのついたマンションすらある。犬に残飯を与えるなんてことはほとんどなくなったし、服を着せたり、一緒に寝たり、人間の子どものように予防接種を打つことも浸透した。

それはつまり、番犬のように人間のために働く犬ではなく、「犬が家族になる」時代になったということだ。

でも、だからといって、飼い主の意識が時代の変化とともに変わってきたかというと、残念ながら変わっていない人もまだまだたくさんいるな、というのが僕の印象だ。犬が家族になれればいいが、なれなかった「問題のある犬」は、いらない……となる。家族もお金で買えると思っているのかもしれない。自分の接し方に問題があると気づかずに、犬を手放し、また新しい犬を飼う人もいる。もちろん、問題は犬ではなく人にあるから同じことがくり返されて、結果、僕たちのところに駆け込むことになる。

だから僕は、犬を飼っている人に対しての「しつけ教室」だけでなく、学校など様々な場所で、子どもや大人たちに、犬との正しい接し方だけでなく、生命を大事にすることを伝える講演活動をしている。

人間が変わらなければ、何も変わらないからだ。

## 「犬が悪い」って？

僕は、ドッグトレーナーとして、専門学校で動物行動学などを教えることもある。

そのため、単なる犬の「しつけ」だけでなく、飼い主に対して、犬のプロフェッショナルとして飼い方全般の相談に乗ったり、必要に応じて犬へのトレーニングを行ったりするのが仕事で、これまでいろんな種類の犬を、それこそ何千頭も見てきた。

そんな僕がたどり着いた答えは、「犬は悪くない」ということだ。

しかし実際には、「犬が悪い」と言う人があまりにも多い。

犬は、「最古の家畜」ともいわれるくらい、人間と密接に関わってきた生き物だ。

これは僕がドッグトレーナーの修業時代にお世話になったトップブリーダーの人に口酸っぱく言われたことだが、人間が、人間の生活に合わせて、狩りのための犬（ダックスやビーグル）、狩りの補助のための犬（レトリーバーやプードル）、牧畜のための犬（シェパードやコリー）、かわいがるための犬（マルチーズやパピヨン）、ほかの動物と闘うための犬（ブルドッグ）など、様々な犬種をつくってきた歴史を忘れて犬に接してはならない。

野生動物は、自分の位置を知らせる危険性があるので、むやみやたらに吠えたりはしない。しかし犬は、獲物や侵入者を知らせたり、家畜を声で追い立てたりするため、「吠えるのが仕事だ」というように人間がつくってきた歴史がある。だから、ほかの動物——たとえば遠吠えのイメージがあるオオカミよりも、ずっと吠える。番犬のように、吠えることが「いい犬」の条件とされてきた犬種すらある。それなのに「吠えるな」というのは、犬に言わせてみれば心外な話だ！　そういったことを考えず、見た目や流行だけで犬を選んで飼い始めて、「こんなはずじゃなかった！」と飼育放棄する人があまりにも多い。飼う犬種のことを少し勉強すればわかるのに、それすらしないからだ。

さらに今の僕がそれ以上に重要だと感じているのが、その犬《コ》の「心」の状態だ。吠えるのが少ない犬種でも、犬との正しい接し方を知らない人間が、怖がりの「吠える犬」にしてしまうことはよくある。そういった犬たちの性質、心の状態を考えずに、「犬を飼っている人に聞いてやってみたけどダメだった」とか、「ネットに書いてある方法でやってみたけどダメだった」とか、「いろんなところに相談に行ったけどダメだった」とか、目の前の飼い犬のことを考えるよりも、あくまでも自分がどれだけやってきたかを語って飼育放棄する人が多い。

そもそも犬には、動物である以上、防衛本能があるから、なにか危険だと感じれば吠える。そういったことを頭に入れずに犬と接し、ときには叩いたりして犬が吠えるのを力ずくでやめさせようとする。そんなことをしても、吠えるのが止むわけではない。

吠えている理由があるのだから、そこを見るべきだ。

そういった犬の側の気持ちや生態を踏まえ、できるだけ吠えないようにするやり方を学ばずに、「まったく吠えないペットがほしい」というのであれば、はじめから声帯の発達していないウサギや爬《は》虫類を飼うべきだし、今ならロボット犬のＡＩＢＯ《アイボ》でもいい。でも、人間は身勝手だから、「吠えない犬がほしい」と言う。そもそも、吠えない犬というのは、吠えにくい犬の交配をくり返して、やっと生まれるものだ。でも、そういったことを考えず、ついつい人間の都合で吠えないでほしいと考えてしまいがちだ。ひどい場合は、犬の声帯を切る。僕たちが保護した犬も何頭か、「吠えるのがひどいから」と声帯を切られていた。乱暴な話だが、獣医が声帯を切ることを普通に推奨していた時代もある。

犬は吠えるのが仕事。これは、人間の子どもが「子どもは遊ぶのが仕事」と言われるのと同じと考えた方がわかりやすいかもしれない。元気いっぱいの子どもに対して、「遊ぶな！」と言っても遊ぶ。だったら、思いっきり遊ばせてしまえば、エネルギーを発散して、余計なときに遊ぶことも少なくなる。もちろん、「今は遊んだらダメ」と言って聞かせることが必要なときもあるが、そういうときはそれなりの毅然《きぜん》とした態度をとらなければいけない。これらは、犬にも当てはまるのだ。

犬は子どもよりも野生に近いのだから、運動もさせずにずっとサークルの中に閉じ込められていたら、いくらおとなしい犬を交配して生まれた犬だろうと、吠える。どこかでエネルギーを発散するしかないからだ。だから、吠えたり、なにかをかじったりする。犬にも感情があるから、さみしければ泣いたように吠える。

よく「ムダ吠え」という言葉を聞くが、それは人間からしたらムダなだけで、犬からしたら必ず、何かしらの理由があって吠えている。それが、なにか危険と感じたからなのか、誰かを呼びたかったからなのか、エネルギーの発散のためなのかはその時々によるが、動物である犬にとって、ムダなんてものは存在しない。必ず意味がある。

でも、人間の方がそれを理解できなかったり、今吠えられると迷惑だと感じたりするから、「ムダ吠え」になる。あくまでも、人間にとっての、都合だ。

その事実を知らない人たちが「すごく吠えるからもう飼えない」とか「近所からうるさいと苦情が来て困っているから保護してほしい」と言ってくる。

また、買うときにも、「あまり吠えません」というセールストークを信じる人がいるが、ペットショップの店員はたいがい動物を飼っている。たとえば犬を飼っている人とそうでない人では、犬がどのぐらい吠えるかの理解に差があるので、余計そういうことが起こりやすい。「絶対に吠えませんとは言わないでしょ？

「犬が悪い」わけではなく、知らない人間が悪いのだ。これは「犬の問題行動」と呼ばれる全般にいえる。

## 問題行動なんてない！

犬は、「エネルギー」の動物だ。だから、そのエネルギーを、どうコントロールするかが大事だ。

子どもにたとえるとわかりやすい。エネルギーがありあまっている子が乱暴をはたらいたりグレたりすると言われているが、それに似ている。部活動などの健全な方向にエネルギーが発散されていれば、そんなことにはならない。不良がスポーツで更生する、あれだ（僕の世代なら「スクール☆ウォーズ」！）。

犬も同じように、きちんとエネルギーが発散されていれば、よく言う「犬の問題行動」は減っていく。吠えるのをやめさせるために犬を叩くよりも、五分、十分でも、とにかくヘトヘトになるまで遊んであげた方がよかったりする。

人間の子どもは、自分の中にたまったエネルギーや感情を処理できないこともあるし、それを本能的に誰かにぶつけたりしてしまうことがある。それとは逆に、頭で考えすぎて、自傷行為や拒食症みたいな形で自分の持つエネルギーを内向きに使うこともある。でも、犬は本能で生きているから、人間以上に外向きにエネルギーが出やすい。それが、「吠える」とか「イタズラする」とか、「咬みつく」とか、いわゆる問題行動とされるものの正体だ。

でも僕は、この「問題行動」という言葉が好きではない。

だって、犬は悪くないからだ。

再び子どもの例に話を戻してみるとよくわかる。

子どもは、エネルギーのかたまりである。だから、大人が抑えつけると、反発する。それを大人たちは「問題行動がある」と言う。でも、子どもには子どもの言い分がある。思い返してほしい、自分が子どものときだって、そうだったのではないだろうか？

優れた教育者は、そのことをよくわかっているから、いきなり子どもを叱り飛ばしたり叩いたりはしない。子どものことをよく見て、子どもの声に耳を傾け、その子が考えていることや抱えている悩みを理解しようとしたり、気持ちに寄り添ったりできる。つまり、子どもの気持ちを尊重できるのだ。だからこそ、その子を導いていける。それができない大人が、子どもを叩いたり、「あいつはダメだ」なんて言ったりする。それじゃ、「大人はわかってくれない」って、子どもがグレるのも当然だ。

犬だってそうなのだ。自分の言うことを聞かないからって、「犬が悪い」「何度言ってもわかってくれない」「問題行動だ」では何も変わらない。「なんで犬はそういった行動をとっているのだろうか」と、人間の子どもと同じように、よく見て、犬が発しているメッセージに耳を傾け、その犬が考えていることを理解したり、気持ちに寄り添ったりする必要がある。よく吠えるのは、怖いからなのか？　淋しさからなのか？　たまったエネルギーを発散させるためなのか？　それとも別の理由からか？……いずれにしろ、まず、犬の気持ちを尊重し、わかろうとする努力が必要だ。

これは、赤ちゃんが泣く理由を考えるのに似ている。

言葉が通じずに、訴えることが最初はわからなくても、わかろうとすれば、そのメッセージがなんであるか、わかるようになっていくはずだ。犬だってそうだ。言葉では伝えられないけど、犬なりの「メッセージ」はハッキリと伝えている。そこを「想いやる」ことが大事だ。

だから、「問題行動だ」と決めつけていては、前に進まない。

## しつけより大切なこと

僕は、「しつけ」という言葉もあまり好きではない。

職業柄、相手にわかりやすく伝えるためには「しつけ」という言葉を使いはするが、どうしても、犬を人間の都合のいいようにしたいという意図を感じるからだ。だから、「しつけの方法を教えてください」と言われるとちょっとちがうし、「しつけのマニュアルを作りましょう」と言われると、そうやって型どおりにすることも違うと言っている。

そもそも人間に対してだって、しつけというのは、あまりいい意味で使われることが少ない。やれ、先輩への口の利き方が悪いからしつけするだの、子どもが言うことを聞かないからしつけで叩くだの、どうしても「上から目線」を感じてしまう。実際、人間が「犬のしつけ」と言うときはたいがい、「人間にとって都合のいい行動をとれるようにさせる」ことを指す。逆に、それができなければ、しつけと称して罰を与えることもある。それは、人間へのしつけの考え方と似ている気がする。

親が子どもをしつけと称して虐待し、ついには殺してしまうこともあるように、犬にも同じことが起こっている。ただ、犬の場合は、人間の子どもとちがって、叩かれ続ければ防衛本能が働いて咬みつくこともある。だから、「飼い犬が咬みついて困る」と言ってくるケースは、たいがい、しつけで叩かれていた犬が、咬むようになったケースだ。

犬は、生命ある生き物である。人間と同じように感情もあるし心もある。

それなのに犬の気持ちをわかろうとしない人間は、「なんで吠えるの！」と怒鳴りつけたり、しつけという名の体罰を行ったりする。でも、「問題行動があるからなんとかしてほしい」と連れて来られた犬と毎日向き合っている僕は、飼い主さんに言う。「なんで怖さを与えるようなことをするの!?　もっと犬の気持ちを尊重してあげて！」と。

犬は弱い生き物である。少なくとも、多くの犬は人間よりも小さく、人間よりも知能が低い。だから、叩くのはもちろん、怒鳴ったりするだけでも「怖い！」となるのは当たり前で、むしろ本来は、人間がそういった弱き者を守らなければいけないのだ。だけど、現実には「躾《しつけ》」という言葉は、「身を美しくする」という文字通りの意味から離れ、絶対的な上下関係のなかで使われがちで、時と場合によってはしつけと称した暴力がまかり通るし、それを擁護する人たちもいる。

でも、僕はそれに強く「ノー」と言いたい。

たしかに僕も、犬の悪い行動に対しては、毅然とした態度で「正す」ことはする。

でもそれは、犬に対して「何が良くて、何が悪いのか」をあらかじめ教え育てていることが大前提だ。それをせずに、「言うことを聞かないから」と、感情のまま厳しい口調や暴力などで恐怖を与えてはいけない。やられた方は「怖い」と思って、一時的にその行動を止めるかもしれないが、何が悪いかを理解しないままだから、同じことをくり返すようになるためだ。

「犬に問題がある」と言ってくる人たちは、僕がそんなことを言うと、「自分たちだってちゃんと犬に伝えている」と言うし、だからこそ「わかってくれない」最終手段としての体罰を正当化する人もいる。しかし、犬が飼い主の言うことを、きちんと理解できているかどうかまで考えている人はほとんどいない。だから結局、犬は人間に従うもの、という価値観にのっとって、安易に上下関係だけで従わせようとする。犬の気持ちを尊重していないのだ。そんなの、うまくいくはずがない。人間だって同じじゃないか？

たしかに、犬は人間と同じく、本来群れで生きる動物なので、必ず上下関係を作るし、強い者に逆らわない。群れのなかでいちばん強い存在であるリーダー犬は、「群れのなかの弱い者を守ろう」とする行動をとるが、すべての犬にその素質があるわけはなく、ほとんどは、自分より強い存在と一緒にいることで守られて、やっと安心できるような弱い犬だ。だから、リーダーや、自分より強い者が不在になることで不安になって、見知らぬ犬や人に対して、警戒心が強く出てしまって吠えやすくなる。リーダー犬の素質がある強い犬はそんなことにはならない。

これも人間で例えるとわかりやすいかもしれない。小さな子どもたちだけで留守番していると、風が吹いただけでも、ピンポンが鳴っただけでも「怖い」と感じるが、大人と一緒にいれば、「怖い」と感じることもない。人気テレビ番組「はじめてのおつかい」で、子どもたちがおつかいの途中で泣いてしまうのも、守ってくれる存在がいないことに気づいて、初めて「怖い」と感じるからだろう？　犬も同じだ。「怖い」から、吠えたり、咬みついたりする。

それはつまり、人間がその犬を安心させられる、強い存在、リーダーになれていない、ということだ。飼い主さんがそれを軽く見て、犬をさんざん甘やかしてしまった結果、犬が本能的に飼い主さんのことを下に見るようになって「言うことを聞かない」状態になることはよくある。

だから、犬を飼うにあたって、まず忘れてほしくないのは、人間だから犬の上に立てるわけじゃない、ということだ。

犬には、はじめから「人間が上だから従おう」とプログラムされているわけではない。犬が「この人のそばにいると安心できるな」「自分のことを尊重してくれているな」「この人には従った方がいいな」と認めるからこそ、人間の言うことを聞くようになるのだ。犬の上下関係は、力の強い者が誰かの上に立って支配することではなく、強い者が弱い者を守り、群れを引っ張っていくためにある。人間だって同じだ。

そのことを忘れて、力任せに犬に言うことを聞かせようとする人があまりにも多い。でもそれは、人間に対しても同じことが行われているからかもしれない。全然言うことを聞かない人に、お金や権力や暴力で言うことを聞かせようとする人もそうだし、「親だから」と子どもにしつけと称した虐待をする人もいるように……。

でも、そのやり方をされたところで、心から従うことはない。だから、同じことをいつまでもくり返すのだ。犬は本能で生きているから、なおさらそれが顕著に出る。

しかしそれがわからない人間は、相手が人間だろうと犬だろうと、自分の思いどおりにならないからと、しつけと称して叩いたりし続ける……。

だから僕は、ドッグ「トレーニング」という言葉を使っても、「しつけ」という言葉は極力使わないことにしている。それは、人間が望む「あるべき姿」にすることに一生懸命になるよりも、その犬が抱えている「問題」そのもの――つまり、犬の感情や心――に寄り添い、リーダーとして、それを解消してあげたり、人間社会で生きるための正しいルールを伝え、そして、それができるようになるまでくり返し教え育て、あるべき方向へ導いてあげることの方に一生懸命になるべきだと思うからだ。

そうしなければ、いつまでたっても「問題行動」なんてなくなりはしないと僕は思う。「子どもが悪い」と言い続けて、子どものためになることなんてあるだろうか？　犬だって同じことだ。


確かに犬は歴史上、人間のためにつくられてきた。でも今は、かつてないほど人間と犬が密接に結びつき、むしろそれが過ぎて過剰に愛情を注いで過保護に育てたり、子犬の頃から親兄弟と引き離してしまい、社会性を身につける前に人と暮らすようになった。だからこそ僕は、犬が人間のために仕事をする「番犬」ではなく、犬が「家族」という時代にふさわしい、犬たちとの正しい接し方を考えるべき時期に来ているんじゃないかと思う。人と犬が、同じ生命ある生き物として、大切な家族として、より良い共存ができるように考えるべき時代に。

だから、参考書はあったとしても、マニュアルなんてない。それよりも、目の前の犬としっかり、まっすぐ向き合うことの方が大事だ。

だって、それこそが「家族」なんじゃないか？

僕たちが保護した犬たちは、最初から飼い主の言う問題行動なんてなかった犬もいたし、「吠える」とか「咬みつく」とかを起こしがちな犬もいた。

それでも僕たちは、「悪い犬なんていない」と信じ、彼らを家族としてまずは受け入れ、目の前の犬たちとまっすぐ向き合って、プロのドッグトレーナーとして、正しい方法で、きちんとしたルールを教え、できるように育てることで、今は新しい里親さんの元で幸せに暮らしている犬がたくさんいる。

だから僕は、声を大にして言いたい。

「犬は悪くない、悪いのは人間なんだ！」と。

それを知らない人たちが、犬たちを捨てていくのだ！

# 第二章　僕がこの仕事に導かれた理由

僕は今、飼い主から飼育放棄された犬や、愛護センターで殺処分されそうな犬たちの〈生命《いのち》〉を救うための保護活動をする、僕が立ち上げたNPO法人〈DOG《ドッグ》 DUCA《デュッカ》〉の代表をしている。

こういう活動をしていると、「スゴいね」とか「エラいね」と言ってもらうことも多いのだが、NPOを立ち上げたのも、「こういうNPOを作りたいんだ！」という強い想いを持って始めたというよりは、流れのなかで作ることになった部分が大きくて、僕自身も、そんな立派な聖人君子でもない。それどころか、むしろ、感情のままに突っ走る、調子に乗りやすいおっちょこちょいで、保護活動を始めたのも、あくまでも、「小さな〈生命〉を救いたい！」、という自分の素直な感情に、まっすぐ従って行動していたらこうなっていた、というだけだ。

そこでここからは少し、僕のこれまでの道のりをふり返りながら、なぜぼくが「犬の仕事」を始めることになったのか、お話させてほしい。

## 犬とまったく無関係な人生

僕は、もともと犬とはまったく関係ない人生を送っていた。

たしかに実家で犬を飼っていたこともあったが、基本的には「父の犬」であって、たまに僕自身が散歩することがあったとしても、それも家の手伝いの延長のようなものであり、今のように密接に関わったりしていたわけではない。

そんな僕が、「犬の仕事」をするようになったきっかけは、当時僕がやっていた飲食店での大失敗だ。


僕の家は、もともと裕福ではなかったが、工務店の下請けをしていた父親の会社が、元請け会社の倒産に引っ張られる形で連鎖倒産したところから、さらに生活が苦しくなった。そのため僕は、中学生の頃からこづかいゼロ。結果、中学二年の頃から新聞配達のバイトを始め、家計を支えてきた。そういうと、「大変そう」と言われるのだが、半分は自分のこづかいにもなって好きなものが買えたし、そのお金で弟や妹に兄ぶって何かを買ってあげることもできた。配達先の人に「よく頑張ってるね！」などと話しかけてもらえることも楽しかった。そういう経験もあるせいか、働くことは苦ではなく、むしろ、もっと働いて、稼ぎたい、成功したい、という上昇志向が強かった。それは、借金のことで家族に迷惑をかけていた父のことをよく思っていなかった影響もあったように思う。

高校に入ると、僕は当時人気だった地元のステーキチェーン店でアルバイトを始めた。もともと手先も器用で要領がよかったこともあり、すぐに仕事を覚えて、飲食業の楽しさにもハマっていった。もちろん、失敗したことも多いし、学んだことも多い。大きな失敗というか恥ずかしい過去だが、当時、仕事ができて調子に乗っていた頃、少し時間に遅れて出社することも多く、そんなある日、同じアルバイトの空手をやっていた大学生にそのことをとがめられ、顔面に正拳突き（！）をくらってしまったのだ。前歯が欠けて、今、差し歯が入っているが、調子に乗りやすい僕が仕事に真剣に打ち込むようになったのはそのことがきっかけだ。

もうひとつ学んだことは、サービス業での「おもてなし」の精神。でもこれは、学んだというよりも、自分の母親がまわりの人にしていることだと気づかされたと言った方がいいかもしれない。僕の母は、面倒見がいいタイプで、誰にでも料理などを振る舞ったりお裾分けをしたりする、いわゆる「日本のお母さん」的な人だった。それは家計が苦しくなってからも一緒で、僕はそれを「もったいねえ！」と思っていた。しかし、社会で働いてみてわかったのは、お金で何かをしようとする人には誰もついてこない、ということ。実際、母のもとには、お金がなくても人が集まり、我が家はたまり場のようになっていた。

高校を卒業するときに、僕がバイトしていたステーキチェーンに就職を決めたのは、「自分の作ったものを喜んでもらえる」「人と接することでいろんなことが学べる」飲食業、サービス業の魅力にとりつかれたからだ。そこで僕はガムシャラに働き、最年少の十九歳で店長を任されたり、勝手に新メニューを作って売り上げを伸ばした功績を認められたりして、商品開発部長にまでなり、新しい企画商品をどんどん世に出した。ボーナスはいわゆる札束が立つ金額（百万円以上）だったし、結婚もした。僕の父は、これまた「日本のお父さん」という感じで、家庭のことを顧みない仕事人間だったが、僕はそうなりたくないと思い、結婚も早くしたかったのだ。それなりにモテたので、社内恋愛ですぐ結婚できた。

今の会社でやりきった感のあった僕は、三十になる前に、独立を決意した。「自分の考えた料理で喜んでもらいたい！」という想いで、当時まだ珍しかった創作居酒屋を始める。名前は、みんなが夢を語る場所になってほしいという意味を込めて「夢語屋《かたりや》」（いい名前でしょ？）。僕は昔からプロの世界をめざして野球をやっていて、地元中日ドラゴンズの故星野仙一選手・監督が大好きだった影響で、星野さんがサインに必ず書いていた「夢」という言葉が好きだったからだ。これは余談だが、店にはドラゴンズの選手もよく通ってくれ、実際に星野さんを連れて来てくれたこともあった。僕の夢が、新しい形で叶った瞬間でもある。

店も僕なりの工夫をした。僕は元来お調子者で、お祭り好きな性格。だから、自分の店を構えてからはよりいっそう、新しい企画を次々考えた。たとえば、今では「日本酒の飲み比べ」の専門店があるくらい認知度が高いが、その当時の居酒屋の日本酒といえば、一種類か二種類置いてあるだけで、飲み方も升酒とか熱燗が主流。そんな時代に僕は、地方の酒蔵を訪ねて、仕込みの見学をさせてもらったり、酒造りの体験をさせてもらったりしながら、自分の気に入った地酒を見つけ、樽で買ってお店で提供した。「地酒ブーム」の起こり始めの頃で、これが大盛況。僕自身は日本酒にあまり強くない方だが、お客さんが褒めてくれたり、お客さんの喜ぶ顔が見られたり、「あそこはスゴい！」と注目されることが好きだったから、いろんな日本酒の楽しみ方を提案した。よく冷えて味がまろやかになるようにと、冷やした「抹茶碗」にお酒を入れて提供したり、陶芸教室に通ってこだわりの焼き物の作り方を学び、それを店で使ったりもした。オシャレな内装も人気を博した。正直、大繁盛していたので、すぐに二号店ができた（こちらは「夢叶亭《ゆめぎてい》」）。仕事が楽しくて楽しくて仕方がなかった。

調子に乗りやすい僕は、このとき、新しいことを次々始めて成功させている自分の店が、名古屋のナンバーワン居酒屋だという自負を持っていて、「成功の秘訣を教えて！」とやって来る人には何でも教えた。自分の周りに集まってきた人に、アルマーニのスーツを着て、業界の五年後はこうなる、十年後はこうなる、とエラそうに語っていた。金がないと言う人たちに、気前よくおごってやったりもしていた。肩で風を切っていて、今思うと恥ずかしいが、誰がどう見てもイバっていた。

だからだろう、目の前に大きな落とし穴がポッカリと口を開けて待っていることに、当時の僕はまったく気づいていなかったのだ。

## すべては予想外の出来事から

二号店も順調に売上を伸ばしていた当時、一人の常連客ができた。

その人は立派な格好をした中年の紳士で、毎日のように一人で来て、決まってカウンター席に座り、僕に「マスターの料理は最高だね！」と声をかけてくるのが常だった。僕の方も、自分のなかでその自負もあっただけに気分が良くなって、調子に乗っていろいろ工夫している話とか、「もっと成功したい」という夢を語ったりもした。そういうこともあってか、ある日、その紳士が、「名駅《めいえき》（名古屋駅）にいい物件があるから、そこに三号店を作らないか？」という話を持ちかけてきてくれたときは、すぐに飛びついた。いくら話題の居酒屋とはいえ、繁華街に店を構えていなければ、一流と見なされない、そんな想いもあった。とくに名駅エリアは新幹線客も来る、東海地方ナンバーワンの繁華街で、競合店も多い。そんななかで名を上げれば、もっと自分の店が大きくなる――もちろん、そこでやっていける自信もあった。だから僕は、その話に飛びつき、その紳士の言うとおりにお金を用意し、「自分が手続きや内装の手配なども全部やる」ということだったので、すべておまかせした。

しかし、それははじめから全部仕組まれたことだった。そう、詐欺だったのだ。

僕は、その紳士のことを完全に信用しきっていた。ちゃんと名刺ももらっていたし、身なりも話し方もしっかりしていて、飲食業界の人間にはない「ちゃんとした会社」っぽさを醸し出していた。今思えばそれすらも計算の上だったのだろうが、当時の、浮かれていた僕には信用に値する人に思えた。だから、出店する物件が、その会社が「昔使っていた場所だが今は使わなくなった」と言われ、その物件を内覧せず外から見ただけだとしても、まったく疑いもしなかった。しかも当時はインターネットもそう普及していないから、その人とその会社のことをちゃんと調べることもしなかった。なにより、僕自身が「人を信用して悪いことはない」なんて本気で思っていた。

異変に気づいたのは、お金を全額振り込んだ後だった。

そこから、どれだけ電話してもつながらなくなったのだ。イヤな予感がして、もらっていた名刺の会社に電話した。その会社は実在していた。しかし、「そんな社員はいたことがない」と言われた瞬間、全身の毛穴という毛穴から、ドッと汗が噴き出るのがわかった。まさかそんなことが起こるなんて思いもよらない僕は、すぐに信じることはできなかった。でも、直感ではわかったのだ。

「これで終わりだ」――と。

警察に電話して相談したところ、他に五件も同じ被害のあった「事件」になっていることを知った。翌日ニュースになっていた。

僕はすでに一千万以上のお金を振り込んでいた。もちろんすべてが銀行からの借り入れで、初めての名駅ということもあり、かなりムリしてお金を作った。そしてそれが、一夜にして消えた。そこからは転落する一方だった。店は部下に託し、僕だけが借金を抱えて、僕の作った店から離れることになった。妻も、僕が仕事に夢中で、結局は、父親と同じ、家庭を顧みない仕事人間になっていたこともあったからだろう、結構いい暮らしをさせていた自負もあったが、「ついていけない」と離婚することになった。「店長の料理が一番うまい！」と言っていた他の常連客も、僕に「教えてください」と寄ってきていた同業者も、僕のお金で飲んでいた友人たちも、潮を引くように離れていった。文字通り「金の切れ目が縁の切れ目」というやつで、残ったのは借金だけ。悔しくてたまらなかった。

しかし、悲しんでもいられなかった。僕には、借金を返すため、昼夜を問わず働く必要があったからだ。夜中の二時から中央卸売市場で働き、昼間は自分の作った弁当をオフィス街で販売。夜は金山のワシントンホテルのフロントや駐車場係として働いた。ただ、僕は中学から働いているせいか、働くことは苦ではないし、返すべきお金は返そうと、必死に働き、少しずつ返済していった。それでも、僕の借金手形が不渡りということで、悪い業者に流れる。ドラマに出てくるような怖い借金取りも来たが、ステーキ屋でバイトしていた頃から、こういった人たちが親の借金の取り立てに直接店に来ることもあったので、僕にはたいした問題ではなかった。自分の力で働いて返す。ただそれだけ。

それよりも、言いようのない淋しさの方がツラかった。

調子に乗った自分がだまされたからとはいえ、あれだけ周りに人がいたのに、僕の一つの失敗で、みんないなくなったのだ。こんなこともあった。ちゃんとやれているか心配になって、事件の数か月後、僕がやめたときに店を任せた当時の部下に電話をしたのだが、二言目には「金なら貸しませんよ」と笑って言われたのだ。もちろん、後から考えるとそれは、僕の普段の接し方に問題があったからだというのがわかるが、金の無心をするような人間だと思われていたことが僕にはかなりショックだった。僕自身としては、彼にはかなり目をかけ、おごってやったり、面倒見てやっていたりしたと思うのに……結局、人の心はお金では買えないのだ。

僕は母親からそのことを学んだように思っていたが、実際、何も学んではいなかった。そしてなにより、「やってやったのに……」と思う自分自身に嫌気がさした。

すべてをなくし、目標もなく、ただ借金を返すために働く毎日。仕事と仕事の合間に、桜の名所として有名な鶴舞《つるま》公園に立ち寄って時間をつぶしていた僕のもとに、シッポをブンブンと振りながら犬が寄ってきた。何もかもなくし、淋しい気持ちになっていた僕には、それがつかの間の癒やしになっていた。そんなことが続くうちに、なんだか無性に「犬を飼いたい」と思うようになった。人間関係に疲れたというのもあったのかもしれない。ただ、それがまさか、僕のその後の人生を大きく変えることになるとは、夢にも思っていなかった。

## 一頭のダックスフントとの出逢い

「犬を飼いたい！」と思ってまず行ったのはペットショップ。だが、僕自身、ペットを飼ったことがなく、何も知らないまま行ったこともあり、その値段に驚いた。借金のある身でこんな金額は払えない！　何件か回ってみたが、それは変わらなかった。ふと立ち寄った本屋にあったある雑誌にすっと手が伸びた。なぜかはわからない。でもそこには、「ブリーダー」という聞き慣れない言葉が書かれており、どうも、「ブリーダー」から買うという選択肢があって、ペットショップより安そうだということもわかった。今、どっぷり犬の仕事をしている僕の姿からは想像もできないかもしれないが、三十すぎても「ブリーダー」

すら知らなかった（笑）当時の僕は、何も考えず、雑誌に書かれた「ミニチュアダックス産まれています（格安）」という広告を見て、直感的に「これだ！」と思い、すぐにそのブリーダーのところに行くことにした。

　ブリーダーさんのお宅に伺うと、すぐに四頭のミニチュア・ダックスフントの赤ちゃんがシッポを振りながら寄ってきた。僕は再び「これだ！」と直感した。僕は、基本お調子者だけど、淋しがり屋で、一人で旅行すら行けない。そんな僕が、以前はあんなに周りにたくさん人がいたのに、今、周りに誰もいない状態が、淋しかったのだ。僕は、その四頭のダックスのことが、たまらなく愛おしいと思った。そのなかでも、いちばん後ろをステンステンよろけながら走ってきた赤毛のダックスが僕のお気に入りだった。

　今みたいにネットもあまり普及していない時代。雑誌には値段が書いてなかったから、そこで初めてブリーダーさんから犬の金額を告げられて驚いた。「チャンピオン犬の子どもだけど格安の十五万で」ということだったが、とても出せる金額ではなかったのだ。あまりにもしょげかえっている僕を見て、ブリーダーさんは「何かあったの？」とたずねてきた。ブリーダーさん曰く、普通は誰か来てもそんなに人になつくことがない犬たちが、無邪気になついているから悪い人でもないと思うし、そんな人がずいぶん思いつめているなと気になったんだそうだ。

そこで僕はあの事件の後初めて、僕のこれまでの経緯を他人に話した。

話を黙って聞いてくれていたブリーダーさんは、話が終わるなり、「わかった。なら、いくらなら出せるの？」と聞いてきたので、僕は正直に「七万なら出せます」と答えた。

そのあとのブリーダーさんの言葉が、僕の運命を決めた。

「わかった、その値段でいいよ。この子と一緒に頑張っていきなさい！」

そうやって、僕が気になっていた、ステンステンよろけながらいちばん後ろを走ってきたダックスを譲ってくれることになった。僕は飛び上がらんばかりに喜んだ。あとで聞けば、その人はミニチュア・ダックスフントを専門とした、ドッグショーのトップブリーダーで、僕に譲ってくれることになったダックスは、疾患があるわけではまったくなく、鼻の先の毛の部分が「つむじ」みたいな逆毛になっていて、ショー向きではないからということだった。僕はその犬に、最前列を走っていたつもりが、気がつけば最後尾になった自分を重ねたのかもしれない。

そこから僕は、その赤毛のメスのダックスに、当時人気だった女性シンガーが歌う曲中で、何度もくり返されて耳に残っていた、〈ＤＵＣＡ《デュッカ》〉という名前をつけた。

のちに、ＮＰＯはもちろん、犬の保育園、トリミングサロンの名前にも使われる

〈DUCA《デュッカ》〉との出逢いが、僕が「犬の世界」に足を踏み入れるきっかけとなった。

## 借金生活のなかで見つけた新たな夢

とはいえ、僕の生活がそれですぐに、犬を中心とした生活に変わったわけではない。やはり借金を返すために働く毎日だった。違うのは、仕事から帰ったらデュッカがシッポを振って待っていてくれたり、デュッカを連れて散歩に行く時間ができたりしたこと。まるで恋に夢中になっている若い子のように、働いているときもデュッカのことが頭に浮かび、僕の淋しい気持ちはいつの間にか消えていった。

デュッカは、とにかく人なつっこい犬だった。誰にでもシッポを振って寄っていき、誰からも愛された。弁当売りのときにデュッカも連れて行き、看板犬としてお客さんにずいぶんかわいがられてもいた。そんなデュッカだから、散歩に行くと、いろんな人と接する機会が増えた。僕はその当時、市場、弁当、ホテル、という三つの仕事を掛け持ちしていたが、夜のホテルの仕事が始まるまで時間があったから、鶴舞公園にデュッカを散歩に連れて行くことが多かった。

僕はそれまで夜がメインの飲食の仕事ばかりだったし、子どもの面倒も妻に任せきりだったしで、借金生活になるまで、昼間に公園を散歩するなんてしたことがなかった。そして、そこを一人ではなく、人なつっこいデュッカと一緒に歩くことで、僕がこれまで出逢った人たちとはまるで違う人たちとの接点ができていった。

小さな子ども連れの母親、季節の花を楽しむ老夫婦、そして、僕と同じように犬と散歩する飼い主……。僕ははじめ、じゃっかん尻込みしていたのだが、デュッカは誰にでも寄っていくものだから、自然とそういった人たちとの会話が増えていく。そこで、初めて知る世界もあった。とくに「犬の世界」は知らないことばかりだったから、僕はそこで、たくさんの飼い主と出逢い、世の中にはいろんな犬がいて、いろんな困りごとがあることも知った。「しつけ」ということについても、そこで初めて学んだ。「トリマー」や「ドッグトレーナー」という仕事があることも知った。大きな公園だから、木にくくりつけて捨てられていた犬の話を聞いたりもしたし、「殺処分」ということも初めて知った。今では「殺処分の最後の砦！」なんてメディアに持ち上げられたりすることもあるが、当時の僕は、恥ずかしながら、本当に何も知らなかった。そのきっかけを作ってくれたのが、やはりデュッカなのだ。

デュッカが、僕を再び、人と接するように導き、僕のまったく知らなかった「犬の世界」に続く道を作ってくれたのだ。

そんな生活を続けているうちに僕は、「デュッカとずっと一緒にいられる仕事をしたい！」「それは、犬に関わる仕事だ！」と思うようになった。

思い立ったら「とりあえずやってみる」が僕のモットー。ステーキハウスチェーンのときも、自分で居酒屋をやっていたときも、お客さんが喜ぶよう、いろんなことにチャレンジしてきた。たとえば料理なら、塩のふり方ひとつでも、タイミングが少し違うだけで味がまったく変わる。やってみて、美味しいものができるのか、不味くなるのか。料理人の世界は一生修行というように、とにかく自分でやりながら学んでいくしかない。とくに昔はそんな時代だったから、部下にも、口で説明するよりも「とにかくまずやってみろ」と言い続けていた。

だから、「デュッカとずっと一緒にいられる仕事をしたい！」と思った僕は、とにかく犬に関わることは何でも勉強しようと、犬に関わる仕事をしていた会う人会う人に、「とにかく犬のことを教えてください！」とお願いして回った。当時、借金ですべてをなくした三十代後半の僕には失うものがなく、デュッカと生きていくための未来だけを見ていた。

最初にお願いしに行ったのは、デュッカのブリーダーさんだった。僕がデュッカと一緒に生きていくために犬の仕事をしたいから、犬のことをいろいろと教えてほしいとお願いしたところ、快く応じてくれ、それから僕は頻繁に、デュッカを連れてブリーダーさんのところにお邪魔し、様々なことを学ばせてもらった。ブリーダーさんも、あえて僕にいろいろとやらせてくれた。たとえば、ブリーダーさんの犬をドッグショー(純血種犬の品評会)に出すときの、「ハンドラー」をやらせてもらうことがあった。ドッグショーでは、その犬種本来の毛並みや骨格という姿形の美しさだけでなく、歩き姿や立ち居振る舞いも競われ、出場する犬をリードするのはショードッグハンドラーの仕事で、それを専門としている人もいたが、僕は素人ながら、ブリーダーさんに学びつつ、何頭かチャンピオン犬を送り出すことができた。様々なブリーダーがいる世界に飛び込むことで、「犬業界」にまつわるいろんなこともたくさん知ることになった。

ブリーダーさんのもとでいちばん学んだのは、生命の尊さだ。ブリーダーさんのところで母犬が妊娠すると、事前に何回も母犬に会いに行って信頼関係をつくっておき、そしていざ陣痛、出産という連絡が入れば、それが夜中であろうがブリーダーさんのところに飛んでいき、出産を手伝った。人間でもそうだが、出産は何が起こるかわからない上、犬は人間と違って病院ではなくブリーダーのところで産む。だから、ブリーダーにはあらゆる状況に対応できる豊富な知識と確かな技量が求められる。たとえば、子犬の心臓が止まって出てくることもあったが、ブリーダーさんが素早く、鼻や口に詰まってしまった羊水を出したり、心臓マッサージをしたりすることで生命《いのち》が助かったこともあった。的確な処置をしなければ、死んでいた可能性だってある。

僕はそこで、「生命の尊さ」と、「正しい知識」そして「高い技量」を持つことの大切さを学んだといっていい。


それからも僕は、たくさんの人に「犬の仕事」のことを教えてもらえる機会に恵まれた。犬の仕事で食べていける自信なんてまったくなかったから、とにかく、やれることはどんどんやって、経験を積んでいきたかった。犬に関係する資格を取って、技術を身につけることも考えた。考えたのは、トリマーやドッグトレーナーだ。とにかく、デュッカと生きていくためなら、なんでもやるつもりだった。

トリミングを教えてくれるところをあちこち探したが、いずれも値段が高く、借金のある身としては難しいものがあった。しかし、あるお店のトリマーの方は、僕の事情や熱意をくんでくれて、「一回二千円」という破格の受講料で教えて頂けることになった。

それから、市場の仕事が終わった後、公園でカットモデルとなる犬を探し、飼い主さんに事情を説明し、トリミングの練習台になってもらった。それは毎日続いた。とにかくいろんな犬を、飼い主さんの要望を詳しく聞きながらカットした。このときは、接客の仕事の経験が生きた。だから僕は今でも、「動物の仕事をしたい」という子には、まずはバイトでもいいので「接客業」で経験を積むことを勧めている。動物の仕事は、動物だけ見ていればいいと思いがちだが、動物園の飼育員ならまだしも、犬や猫のようなペットの場合、飼い主さんと会話しないと何も始まらない仕事だからだ。自分がいくら「かわいくカットできた」と思っていても、飼い主の心をつかんでいなければ、次はない。またそれが、自分を成長させることにもつながる。この辺は、この業界に入った若い子たちが、単に「人は嫌いだけど犬は好き」「とにかく猫が大好き」という気持ちだけでは続けていくことが難しい理由の一つになっている。「仕事」である以上、対人スキルも必要だからだ。

僕は必死だった。だから、そうやって毎日トリミングの経験を積み重ね、すぐに資格を取ることができた。でも、まだ「犬の仕事」でどうやって食べていけるのかは未知数だったから、次々にチャレンジをしていった。

ドッグトレーナーにも挑戦した。ドッグトレーナーは個人でやっている方がほとんどだが、多くが、警察犬の訓練士から独立した人だ。とくに当時はそうだった。こちらは警察犬訓練所に何度も出向いて教えてほしいと言っているうちに、訓練士の方に個人レッスンをしてもらえることになったのだ。こちらの授業料も「一回二千円」で、同じように毎日通いつめ、猛勉強して訓練士の資格を取ることができた。

このときの僕は、トリマーなり、トレーナーなり、「自分の仕事はこれだ！」と絞りきれているワケではなかった。まだまだ借金返済のための仕事を続けてはいたが、とにかく、犬にまつわることをやりながら、「デュッカとずっと一緒にいられる仕事」のことを考えて、ひたすらいろんなことをし、毎日学び、その夢の実現に向かって一歩ずつ、着実に近づいていった。

## デュッカに導かれた道

その頃の僕は、とにかく経験をたくさん積む必要を感じ、散歩で知り合った人に、飼い犬のしつけに困っていればトレーニングをしてあげていたし、今度はまたその知り合いに……といった感じで、出張トレーニングもした。トリミングをお願いされたら、飼い主の家か、僕の家に連れて行ってトリミングをした。自宅でトリミングするときは、テーブルに滑り止めマットを敷き、犬のブローは片手ではできないから通常は固定ができるスタンド式の専用ドライヤーを使うのだが、高くて買えないから、服の襟の所から人間用のドライヤーの口を出す形でブローをしたりもした。

でも、どちらかといえば僕は、トレーニングの方が自分の性に合っているように感じていた。犬は、僕のやり方が正しければ素直に指示に従うし、間違っていれば全然従わない、というように、ダイレクトに良いか悪いかをハッキリ教えてくれ、そういったところが、感情と行動が直結する僕の性格と合ったのだと思う。また、そうやって実際に犬に教えてもらいながら、スキルを早く磨けたことも大きかった。まだまだ未熟なトレーナーではあったが、あまり人になつかないような犬でも、僕の指示にはすぐ従うようになったりするから、自信もどんどんついていった。お客さんから認められることも嬉しかった。

しだいに僕は、「お店を持ちたい」と思うようになっていき、どこかにいい場所がないか探し始めた。借金のある僕でも持てそうな、家賃の安い場所……そんなことをしていた二〇〇一年のある日、興味深いニュースを目にした。

当時、東京の方で、「一坪店舗」というのがちょっとした話題になっていた。古いテナントビルを再利用し、若い人でも一坪からお店を始められるという試みで、ちょうど僕の住む名古屋の、名古屋駅周辺と並ぶ繁華街、栄にもそれができるということだった。

僕は瞬時に、「これだ！」と思った。

ここなら、お金がない僕でもデュッカといられるお店が持てる！――と。

そこは、もともとは古い旅館だったが、若者が集まるパルコやロフトにほど近い場所ということもあり、若手クリエイターを集めて新たな文化を発信する場所として改装され「さくらアパートメント」と名づけられていた。ここでは、洋服やバッグ、アクセサリーなどを作る若手クリエイターが、一坪で月一万円という破格のテナント料でショップやギャラリーを出すことができた。

僕は、とにかくその家賃の安さにひかれた。とはいえ、基本的にクリエイターのための施設。「犬のしつけ」だけでは断られることは目に見えていたから、オリジナルの犬の服を作って売ることを考えて早速申し込みに行った。それなら、デュッカと一緒にいられるんじゃないかと……。

しかし、当時は、ドッグカフェも今ほどなく、海外のように犬が普通のお店に一緒に入る、なんてことは考えられない時代。オーナーさんからは、「動物が入るのはちょっと……」とやんわり断られてしまう。一度は引き下がって、ほかに物件を探してみたものの、やはりあそこまで安い物件はない。それに、さくらアパートメントという若い人が集まる場所というのも、僕には魅力的だった。というのも、若い人はしつけで困ることが多く、それがうまくいかなくて犬を捨てるということもあったからだ。僕はその店で、犬の服を売るだけでなく、「犬のしつけ相談」もやりたかったのだ。

僕は再びオーナーさんに直談判。最悪駐車場でもいいからとお願いしたところ、もともと駐車場だった屋外の休憩スペースの端に、なんとか出店を認めてもらうことができたのだ！

家賃は三万円の青空店舗。夏は暑くて冬は寒いが、屋根はある。さすがに悪天候のときはお休みにしなければならなかったが、青空の広がる日は気持ちよかった。なにより念願の、デュッカと一緒にいられるお店ができたのだ!!

僕はこのお店を〈ＤＯＧ　ＤＵＣＡ〉と名づけた。のちのＮＰＯにもつけることになる名前だ。

これはもちろん、僕をここまで導いてくれた看板犬であるデュッカからつけたものだ。カッコつけたがる僕としては、驚くほどシンプルな名前。でも、「今の僕があるのはデュッカのおかげだ」という感謝の気持ちを考えたら、この名前以外考えられなかった。僕はここから、僕のように、人と犬が幸せに暮らすための、手助けをしていこうと思った。

テナントの条件でもあるので、洋服作りも勉強しなければならなくなった。僕はすぐさま中古のミシンを用意し、市販の洋服を買って分析し、作ってみたが、簡単な物しか作れなかった。「これは誰かに学んだ方がいい」と思って、そのときお店で販売していた犬の洋服を作っている方のところにお邪魔して、オリジナルの洋服作りを教えてほしいと頼み込んだ。その方はもともと子ども用の服を作っていたが、大手の安い量産服に押されて、犬の服を作るように業態転換したという経緯もあって、腕は確かだった。人柄もとても気さくで、型紙の作り方からミシンの使い方など、丁寧に教えてもらうことができた。僕も創作居酒屋を始めたりするくらい、自分で工夫して創作した物をお客さんに出し、喜んだ笑顔を見ることが好きだったので、その要領で次々とオリジナルの洋服を作り、腕を上げた。ちょうどその当時は、「なんでも犬と一緒にしたい！」という人が現れ始めた頃だったので、「犬と一緒に結婚式を！」というお客さんのために、ウェディングドレスやタキシード、正月であれば振り袖など、犬の創作洋服を次々と作ったところ、飛ぶように売れた。何より、喜んでくれる姿が嬉しかった。評判を呼んで、さくらアパートメント一周年のイベントのときは、僕の作った服を着た犬たちで、ファッションショーをしたこともあった。

ほかにも、「犬を飼いたい」と言う人に、ブリーダーを紹介したりもした（あれから十年以上が経ち、そのときの犬が亡くなったという連絡を受けることもあるが、皆、犬と一緒に暮らせて良かったと言ってくれるし、僕が保護した犬の里親さんになってくれる人もいる）。

希望があれば、トリミングもやった。デュッカやほかの犬も連れて老人ホームに行って、アニマルセラピーのボランティアもした。

もちろん、僕がやりたかった「しつけ相談」も、積極的にやった。当時は、犬のしつけといえば、訓練士に出張で来てもらうか預けるかのどちらかでするのが基本であり、店舗を構えてやっているなんて珍しかったこともあり、思った以上の人が来てくれた。

そうこうしているうちに、

「ＤＯＧ　ＤＵＣＡなら、犬のしつけを教えてもらえる！」

「あそこに行けば、犬のことはなんでも相談に乗ってくれる！」

――そんな口コミが広がっていき、駐車場の片隅にある小さなお店なのに、本当に毎日のように人が来た（デュッカに会いに来た人もいた……美人だったからね！）。

それは僕の想定を超えていて、それだけ、世の中の人は、犬のことで困っているということがよくわかった。だから僕は、知り合いに犬のことで困っている人がいれば連れて来てもらい、自分の持っているすべての知識と経験を総動員して、僕ができる最大限のことをした。たしかに、経験は浅かったかもしれないが、デュッカと暮らすことで幸せをもらった僕としては、飼い主さんが犬と暮らすことで不幸になることだけは避けたかった。

お店には毎日人が来ていて、その様子を見ていたオーナーさんが、「昔浴場だった場所を使ってもいいよ」と言ってくれ、同じ三坪の室内店舗になった。青空の下も悪くなかったが、雨の日でも心配がなくなったことはとても助かった。

ちょうどその頃、新たな出逢いもあった。

さくらアパートメントの近くに、新しく「名古屋コミュニケーションアート専門学校」ができることになり、そこの担当者の方が、〈DOG　DUCA〉の噂を聞きつけてきて、「講師として参加してもらえないか？」と声をかけてくれたのだ。僕自身、「人と犬のより良い共存のため」に、多くの若者たちに伝える機会をいただけることは、とてもありがたいことだと思ったけれど、犬の仕事をしてまだ数年だし、なにより僕自身が、一度人生を失敗しているような人間だったので、悩んだ。

すると、担当者の方が、「これからの未来を担う子どもたちに、夢を伝え、過去のあらゆる経験もふまえた人生のことも教えてあげてほしい」と言ってくれたのだ。

このときの言葉が、僕にとって、どれだけ嬉しかったことか——飲食業での失敗は、今の若い人の言い方で言うと「黒歴史」。夢を語り、夢を追いかけ、夢に破れ、多くのものを失った経験。でもそれが、若者たちの役に立つのであれば——僕はその話を受けることにした。あの日のことは、今でも鮮明に覚えている。

それからは大車輪だった。お店でしつけをしたり、洋服を売ったりしながら、専門学校の講師もした。

新しい専門学校だったので、当時はいろんな講義を受け持ち、いろんなことをした。はじめはペットの洋服作り、ショップ経営、次第にドッグトレーナー育成や、動物行動学、動物栄養学、アニマルセラピー犬育成などを教えた。犬の映画の制作発表会の犬の服を作ったり、近くの公園で犬のファッションショーをしたりしたこともあった。講義中のデュッカはというと、僕の足元でいつも大人しく待っていた。

店をやりながらだから忙しくはあったが、それは全部、僕がやりたかった「犬の仕事」だったし、それで生計を立てられるようにもなった。なにより、僕のそばにはいつもデュッカがいた。

デュッカと出逢い、「デュッカとずっと一緒にいられる仕事をしたい！」と強く願っていた夢が、実現したのだ。

大変なんてこれっぽっちも思わなかった。

デュッカと出逢って、僕の新しい道が開け、たくさんの出逢いが生まれ、たくさんのことを教えてもらいながら、何も知らなかった僕がここまで来られた。デュッカに導かれて来たといってもいい。

だから、僕は、受けた恩を、別のところに返していきたいと思った。

そして僕は、プロのドッグトレーナーとしてたくさん経験を積んでいくなかで、ずっと考えていた、「人と犬のより良い共存」を実現するための新たな場所を作ることを決意する。

それが、今に通じる〈わんわん保育園ＤＵＣＡ〉だ。

## わんわん保育園ＤＵＣＡの誕生

さくらアパートメントに店を構えてから五年後の二〇〇六年、僕は〈わんわん保育園ＤＵＣＡ〉を始めた。ここは文字通り、犬の保育園だ。人間の保育園と同じように、犬を預かって面倒を見て、トレーニングも行う。

今では、犬の保育園がビジネスとして成立するようになって同様の施設も増えたが、当時は非常に珍しかったこともあり、新聞でも大きく紹介された。僕がほうぼうで「殺処分ゼロのために保育園を作った」と言っていたからというのもあるだろう。しつけも何もされていない犬が、飼い主に見捨てられ、殺処分になっている現実があったからだ。

場所は都心の中区栄から離れ、犬を走り回らせることができるスペースのある今の守山区に移転し、保育料も（のちに増税等もあって値上げしたが）スタート時は、いろんな方が僕に教えてくれたときの授業料と同じ、「一回二千円」にした。

僕がその値段にこだわって始めたのは、僕がここまで来られたのも、「犬の仕事」をしている方たちの力添えがあったからだ。それを今度は僕が、他の、「犬のことで困っている人」に返ししてしていきたい、という気持ちもあった。

僕がトレーナーをしていて、どうしても「保育園」が必要だと感じる理由もあった。犬は、人間と同じ社会的な動物である。だから、たとえば学校などのように、人間が人間のなかで生活することで多くのことを学び、社会性を身につけ、心が成熟していくように、犬も、同じように犬のなかで生活することで多くのことを学び、同じように社会性を身につけ、心が成熟していく。

実際、ブリーダーさんのところの犬たちは、人間がたいしてトレーニングをしなくても、二十数頭いる群れのなかで規律を学び、人に咬みつくなどの、いわゆる問題行動を起こすこともなかった。デュッカがその典型例だ。僕は、デュッカのしつけで一度も困ったことがない。しつけも何も知らなかったにもかかわらずだ。ブリーダーさんが性格的に穏やかな犬同士を交配してきたというのもあるが、群れのなかで社会性を身につけさせてきたことも無関係ではない。

しつけ相談をしていると、よく、「犬が咬むんです」と言う人がいる。でも、犬はもともと、人間になつく種を選択して残された動物だ。だから、犬が人に対して攻撃的になるのは、何かしらの原因がある。それは、飼い主が日常的に叩いたり怒鳴ったりしたことによる防衛本能で咬みついたり、叩く「手」そのものが恐怖になったりしている場合もある。僕はデュッカが産んだ子どもたちも含め、なんども犬の出産に立ち会って、子犬を見てきたが、生まれたての子犬は本気で人を咬むことはない。人間の赤ちゃんが他の人間を傷つけたりしないのと同じだ。

万が一、子犬が軽くであっても咬んできたとして、それをハッキリ「ダメだ」と伝えていれば、咬むことなんてなくなる。だから、人間の子どもと同様に子犬の頃に社会性を身につけるのはとても大事なことで、それはもちろん、親犬を中心とした犬のなかで身につけなければならない。

しかし、当時は、生後すぐの子犬が親元から引き離されてペットショップで販売されることが増え始めた時期。夜間販売も規制がなかったので、深夜まで煌々《こうこう》と明かりをつけて営業している店すらあった。当時はそれが許されていたのだ。

それから六年後の二〇一二年に動物愛護法が改正され、状況が少しずつ（本当に少しずつ）改善し、夜八時以降は展示も販売もＮＧになったり、生後七週以降じゃないと販売できなくなったりもした(今度の改正ではそれが生後八週になる)。もちろん、理想をいえば、生後三か月は親元にいた方が絶対にいい。これは、人間の子どもが三歳までに様々なことを学ぶ、という考え方と似ているかもしれないが、犬との関係性はもちろん、人間に対しての正しい距離感も身につけさせやすい時期だからだ。とくに、人間と違って犬は、犬の社会だけでなく、「人を咬んではいけない」など人間との関係性も学ばせる必要があるし、なにより犬は人間よりも寿命が短い分、成長も早く、生後一年で成犬になる。だからこそ、早いうちからトレーニングすることが大事なのだ。人間のように、成人まで二十年くらいあるのとワケが違う。

だから、犬のしつけは「六か月以内にした方がいい」と言われるのだが、僕は、三か月間は、お母さん犬、兄弟犬と一緒に生活させる、ちゃんとしたブリーダーのところで、社会性を身につけさせ、あわせて「人の手を咬まない」など、基本的な人間への接し方を学び、その後からすぐにトレーニングを始めた方がいいと考えている。それは、僕がトレーナーとして何年も相談を受けてきた経験から、一歳以上の成犬は、歳をとればとるほど、幼齢犬のときにされたしつけの影響が強くなり、新しくトレーニングしようとしても、それがどんどん入りづらくなることからもいえる。これは人間でも同じだ。僕も五十を過ぎているることもあって、パソコンやスマホの使い方がなかなか頭に入ってこない……娘はいとも簡単に使いこなすのに！

とはいえ、常に理想的な環境で育児ができるとは限らないのと同じように、多くの犬が、ブリーダーのもとで正しい接し方を学ぶ前に、飼い主に売られている現実がある。そして、多くの人が、生後二か月未満で連れて来られた犬をペットショップチェーンやホームセンターで買い、たいがいは自分でしつけをすることになる。

また、犬にもいろいろあって、いくら人なつっこい犬種でも、親犬や、さらにその親犬の遺伝的性質によって、性格もずいぶんと違う。だけど、それを理解しないまま、画一的なしつけをしたり、「怒鳴る」「叩く」などの力に任せたしつけをしたりすることで、いわゆる問題行動を起こす犬が生まれることもある。また、すぐに親や兄弟のいる環境から引き離されてしまうから、他の犬に対しての接し方もわからないため、他の犬に対して、極度に攻撃的になったり、逆に臆病になったりする。いずれも、社会性の不足が原因だ。

そういったこともあり僕は、人間にとっての学校と同じように、犬にとっての学校も必要と思い、〈わんわん保育園〉を作ることにしたのだ。学校ではなく「保育園」したのは、犬の知能は、人間で言う二歳児くらいに相当するという考え方から来ている。その年代の人間の子どもたちが遊びながら様々なことや対人関係を学んでいくのと同じように、〈わんわん保育園〉も、犬たちにとってのそういう場所にしたいと思って名付けた。だからここでは、人間の保育園のように、元気いっぱいの犬たちが通っている。

もちろん、ここには僕を含めプロのドッグトレーナーがいるわけで、遊ばせるだけではなく、しっかりとしたトレーニングも行う。

そして、〈わんわん保育園〉の利用者さんとは、人間の保育園や幼稚園と同じように「連絡ノート」を使って、今日こんなことがあったとか、こんな子と遊んでいたとかだけでなく、こんなトレーニングをしたとか、家でこんな風に接した方がいいなどの情報のやりとりのほか、利用者さんからの、犬を飼っていて困ったことなどの相談に対しても答える形にした。利用者さんによっては、はじめの頃はとくに、ノートに三ページも四ページも困っていることを書いてくる。それだけ飼い主さんも真剣だから、僕もそれに対して真剣に応える。結構ハードだが、飼い主さんの教育こそが大事だから、する。犬を変えるだけじゃダメだからだ。犬たちがいくら僕たちの前で言うことを聞いても、家ではそうじゃなかったら意味がない。

それに、今でこそ、「保護犬」という言葉があるが、当時はまだ、人間に見捨てられた犬は、殺処分するのが当たり前の時代だった。その原因はすべて、犬に社会性を身につけさせなかった人間にあるというのに、「言うことを聞かない犬が悪い」「咬みつく犬だから」「ペットショップでの説明と違うから」と、様々な理由で、犬が捨てられた。僕は、救える犬は積極的に救い、里親を見つけたり、僕自身も何頭も保護犬を飼ったりしたが、根本的な解決ではなかった。ペットショップでの安易な生体販売も問題といえば問題だが、それ以上に僕は、「犬との正しい接し方」をもっと飼い主に学んでもらいたいと思った。そうすれば、犬を捨てることなんてなくなって、殺処分ゼロに近づいていく――と。そうでなければ、「人と犬のより良い共存」なんて、絵に描いた餅じゃないかと。

だから僕は、〈わんわん保育園ＤＵＣＡ〉を、「楽しい保育園」だけで終わるのではなく、犬も人も学ぶ場所にしたかった。それが、プロのドッグトレーナーとしてたくさんの犬と飼い主を見てきた僕が、〈わんわん保育園〉を始めた理由だ。そうすることが、「殺処分ゼロ」に少しでも近づくと思えたのもある。

おかげさまで、〈わんわん保育園〉には、毎日たくさんの犬が通園してくれるようになった。僕やスタッフも、犬たちが楽しそうにクタクタになるまで遊び回り、飼い主さんたちが喜んでくれることも嬉しかったし、「連絡ノート」のやりとりも、一日に何十冊も書く大変な作業だが、飼い主さんたちの愛情が垣間見え、犬との関係が良好になっていくのがなによりも嬉しかった。

僕の考える、「人と犬のより良い共存」が形になったからだ。

## 「犬の仕事」を通じて得たもの

今の妻と結婚したのもちょうど〈わんわん保育園〉を始めた頃だ。

さくらアパートメントの時代に、お客さんとして出逢った妻は、動物病院の看護師となって、その後、僕の仕事の手伝いをしてくれるようになった。デュッカと出逢ってからの僕はすべてが犬中心だったが、そんな僕でもいいと言ってくれる唯一の女性《ひと》で、なにより、僕以上に犬のことを愛してくれる人だった。僕はその当時デュッカをふくめ五頭の犬を飼っていたが、そのうちの一頭が病気で亡くなったとき、一緒に泣いてくれたのも、付き合う前の妻だった。どんな犬でも愛する人で、「自分になつかないから嫌い」なんてこともなく（デュッカにはジェラシーを焼かれていたが、僕がデュッカと接するように接してくれた）、なにより、小さな生命をあたりまえに大事にできる人間性に僕は惹かれた。実際、人間に暴力を振るわれた上で捨てられたような、心に傷があるような犬でも、妻にはすぐ寄っていくし、すぐになついた。犬は、愛情のある人が本能的にわかるのだ。

〈わんわん保育園〉は、犬に社会性を身につけさせるだけではなく、飼い主にとっては、自分のカワイイ愛犬を遊ばせる場所でもある。僕はどうしても「ドッグトレーナー」目線になってしまい、犬たちが楽しむこと、飼い主が喜ぶことを後回しにしがちだ。そういった面で、女性的な感性、お客さん目線を持ち込む妻のおかげで成り立っている部分はかなりある。僕は昔の人間なので、なかなか口に出しては言えないが、妻には感謝しかない。妻あっての〈わんわん保育園〉なのだ。妻がいなくてはとてもできなかった。それは今も変わらない。

今、僕が犬の生命を救う、保護の仕事を続けられているのも、そんな妻の支えがあるからだ。妻の理解がなければ、こんな犬中心の生活ができるわけがないし、何十頭何百頭もの犬の保護活動なんてできやしない。なにより、僕にとってありがたいのは、夫である僕のためではなく、妻自身が犬たちのことを想い、不幸な犬たちに寄り添い、それを当たり前のこととしてやっていることだ。

僕は妻よりも歳が上で、僕の方が早く死ぬ。もちろんそんな簡単に死ぬつもりもないが、僕が死ぬ頃にはきっと、日本全体で殺処分がゼロになっていると思う。それでも、犬を捨てる人はなくならないから、ここ、〈DOG　DUCA〉には保護犬が残ると思う。今ほど状況はひどくはないかもしれないが、それでも救われた生命を守り続けるためには、ここは存続していかなければならない。それを考えると、僕と同じように、犬に対して分け隔てなく愛情を注いでくれる妻がいてくれることは、僕の心残りがなくていい。妻と、スタッフで、〈DOG　DUCA〉と、保護犬たちを守っていってくれるはずだ。自分の想いを誰かに「託せる」幸せは、あのとき何も残らなかった自分には、どんなことよりも価値のあることだ。

もうひとつ感謝しているのは、妻とのあいだに、ありがたいことに二人の娘に恵まれたことだ。僕みたいな目の前の仕事に突っ走る家庭的でない人間に、ちゃんとした家庭を持たせてくれた。娘たちには、保護犬を含め、面倒を見なければいけない犬が常にいる環境で、普通の家庭のようにどこかに連れて行くこともなかなかできず申し訳ないと思っているが、妻のおかげで、いずれも犬好きで、トリマーやトレーナーになりたいと言ってくれるような、まっすぐな子どもに育ってくれたことに感謝している。ダメ人間の僕一人ではとてもこうはならなかっただろう。


僕はいつの間にか五十代になった。

まだ三十代だったあの頃、飲食業で成功することを夢見ていた僕は、僕自身の失敗から、夢に破れ、すべてをなくした。

しかし、デュッカという一頭の犬と出逢うことで、僕には、それまで考えもしなかった新しい生き方、新しいやりがいが見つかり、新しい出逢いもたくさんあった。家族もそうだ。僕が間違いそうになるときには厳しい指摘をしてくれるが、僕の選んだ選択を最終的には応援してくれている。僕の性格上、なにかやらかすこともあるが、おかげさまであのときのような大失敗をすることはないだろう。

また、僕自身、この仕事をしてきて、人間としても成長してきたことを実感している。犬は、言葉を発することができない、弱い存在である。だから、人間以上に、相手の気持ちになって考えないとわからないことも多い。何を感じて、どう思っているのか。怖いと感じている理由は何か、犬が飼い主に期待することは何か……言葉はわからないが、犬の「想い」をくみ取ることはできるようになった。

だから、「俺はナンバーワンだ！」と調子づいていた飲食業時代の自分のことを知っている人が今の僕を見たら、その豹変ぶりに驚くだろう。あの頃の僕は、とにかく仕事が第一で、従業員たちにもその厳しさを求めていた。今もそういうところがないとはいえないが、昔はその比ではなかった。彼らからしたら、人の弱さを理解できない、鬼のような存在だったのかもしれない。失敗したら離れていくのも当然だった。

そんな僕は、まだまだ人間として未熟な部分がたくさんあると思うが、周りの人の手助けがあってここまで来られたことに感謝できる人間にはなれたと思う。飲食業の頃は子どもの運動会に行くこともなかったが、今は、小学校のＰＴＡの役員になって、慣れない一眼レフデジカメを使って運動会の写真を撮るようにもなった。地域の活動にも積極的に参加するし、次の時代を生きる子どもたちのために何かできないかと常に考えて、子どもたちのための地域のイベントを企画したりもしている。

今の僕には、「犬の仕事」という天職があり、そして、そばにいてそれを手伝ってくれる妻、僕の仕事を継ぎたいと言ってくれる娘たち、僕の想いに賛同してくれるスタッフや支援者さんに囲まれている。

お調子者でおっちょこちょいな性格は変わらないし、そこから来る失敗もたびたびするが、僕を取り囲む環境は、デュッカに出逢うまでとは大きく変わった。どんなことがあっても、僕や〈ＤＯＧ　ＤＵＣＡ〉の味方になってくれる人がいるのだ。

あのときの僕からすると信じられないが、あの詐欺事件があり、すべてを失ったと思ったときにデュッカとの出逢いがあって、それまでの人生とはまったくちがう、新しい人生が始まったのだ。

だから僕は、今でも必ず人に言うことがある。

僕はデュッカに救われた。

だから、僕を救ってくれた犬たちへ恩返しをしたい――と。

それが、僕に、「犬の仕事」を続けさせている原動力であり、人間と一緒に暮らすことができないばかりか、生命まで奪われる犬たちを救う活動――「犬の保護活動」に駆り立てられている理由《ワケ》だ。

そこにあるのは、社会正義のためとか、僕自身が凄いからではなく、純粋に、犬に対しての「恩返し」であり、人間のパートナーになり得る、犬という小さな〈生命〉を大事にしたい、というまっすぐな想いだけだ。

# 第三章　〈生命《いのち》〉を救う仕事のはじまり

## 犬の心のキズを癒すことから

話は少しさかのぼるが、僕が犬の保護活動というものを始めたのは、今の〈わんわん保育園〉ではなく、さくらアパートメントで店を始めた二〇〇一年、僕が三十八のときだ。

お客さんの知り合いが僕の話を聞いて、「よく吠えてすぐ咬みつく凶暴犬だからしつけをしてほしい」ということで、出張トレーニングに伺ったときのこと。今でもハッキリと覚えているが、そこで僕は驚きの光景を目にした。一歳になったデュッカよりも小さな、まだ生後七か月のミニチュア・ダックスフントが、部屋の壁際で激しくふるえていたのだ。とても、「すぐ咬みつく凶暴犬」とは思えなかった僕は、瞬間的にピンときて、飼い主さんにこう聞いた。

「ひょっとして、叩いたりしました?」

飼い主さんは怪訝《けげん》そうな顔で即答した。

「しつけだからいいだろ?」

まったく悪びれる様子もなかった。見た目や話し方も、昔の表現で言えば不良《トッポイ》じみた人で、むしろ、「早くこのバカ犬をしつけてやってくれよ」と言わんばかりの態度だ。

今なら、そういう人に対して、プロのドッグトレーナーとして、どういう言い方をして、「正しい接し方」をどう伝えていくかをまず考えるけど、当時まだまだトレーナーとして駆け出しだった僕は、直感的に、「もう、この人にこの犬《コ》を預けていてはいけない！このままだと、殺されてしまうかもしれない！」と思った。

だから僕は、たまらずこう聞いた。

「この犬のことは好きですか？」

飼い主はこれにも即答した。

「すぐ吠えてかわいくないから、こんな犬、いらない」

なぜ犬が吠えるのか？

なぜ犬が咬みつくのか？

その原因は基本的には人間の接し方にある。言うことを聞かないからといって、叩いてしつけをすれば、犬にも感情があるのでイヤな想いをする。これは、人間でも同じことだ。

そして、犬には「四つ足」はあっても、人間のような「手」はない。そのため、人間だったら、自分の身を守るときは「手」を使うが、犬は「口」を使うしかない（犬が物を持って来るときは、口にくわえて持って来るでしょ？）。それに加えて、犬は言葉を話せない。

だから、犬が人間に叩かれるときにする行動は、最初は人間の手に、自分の口で「アウッ」と軽く歯を当てるだけ――人間でいえば自分の手で相手の手を払いのけるくらいの感覚――だったのが、何度も叩かれると、「やめて」という意味で吠えるようになり、それでも自分の身を守れないと感じると防衛本能が働き、「咬みつく」という行動に出る。それが癖になってしまい、誰にでも咬むようになってしまう。

必ず、そこに至るまでの経緯があるのだ。

そもそも、誰にでも咬みつくような犬が。ペットショップで売られるはずがない。だから、「すぐに咬む」のであれば、飼い主がそのダックスに対して日常的に体罰を加えているのは明白だった。それでも、人間の親が子どもを叩いたことを悔いたりするように、その飼い主も犬を叩くことに少しでも罪の意識を感じていたり、本当は「犬がかわいいんだ」という気持ちがあってほしかった。

でも、出てきたのは、「こんな犬、いらない」――完全に「愛情」を失っている言葉だった。

僕は思わずこう言った。

「いらないのなら、僕にくれませんか？」

この人はそもそも動物を飼っちゃいけない人なのだ。だったら、僕が面倒を見て幸せにしてあげればいい、その方がお互い幸せだし、犬も幸せじゃないか――という純粋な好意で言ったつもりだった。しかし、飼い主の言葉は僕の想像の斜め上をいった。

「タダで？　買ったばかりなんだけど？」

正直面食らった。ここまで飼い主と僕との意識の差があるのだ。この飼い主にとって、犬は高い買い物であり、アクセサリーやオモチャのようなモノであり、「生命《いのち》ある生き物」ではないのだ。僕がこれまでしつけ相談を受けてきた飼い主さんたちは、「叩く」を含めて接し方に間違いがあることはあっても、飼い犬に対しての愛情がある人たちばかりだった。でも、この人は根本的に違ったのだ。

そのときの僕は、そういったことを考えるより先に口が出た。ケンカ腰だったと思う。

「じゃあ、いくらならいいんですか？」

「買ったときが十四万だから、十四万ならいいよ」

一瞬、借金返済のことが頭をよぎった。その当時はまだ、仕事をかけもちしながら借金返済をしている最中だったからだ。銀行には、それくらいのお金が残っていたと思うが、月末に返済するためのものだった。でも、その次の瞬間には、「今、あの犬《コ》を救い出さないと！」という想いしか浮かばなかった。

「十四万払ったら僕にあの犬《コ》をくれるんですね？　約束ですよ!?」

そう言って僕は、銀行に行き、ちょうど残っていた十四万円を引き出して、すぐ戻ってその飼い主に手渡した。とにかくもう、早くここから連れ出したい！　その想いだけで、ダックスを連れ帰って来た。

あとになって考えてみれば、借金返済が大変になるのが目に見えた。でも、お金は頑張って稼げばいい。この小さな生命を救うタイミングは、あのときしかなかったのだ。

それから僕は、その銀髪の混じった毛色《シルバーダップル》のダックスを、楽しく幸せに暮らせるようにという想いを込めて〈祭《まつり》〉と名づけた。借金返済は、その後バイトを増やして死に物狂いで働いてどうにかした。とにかく、この、小さな生命を救えたことが、たまらなく嬉しかったことを覚えている。

思えばこれが、僕の最初の「保護活動」であり、原点だ。

「今日から保護活動をしよう！」ということではなく、本当にたまたま、「この生命を救わなきゃ！」という衝動からしたことで、僕にとってはちょうど、目の前で飛び降り自殺をしようとしている人の手を引っ張ったくらいの感覚だったのだ。


ただ、それで祭の咬みつきグセがすぐに治ったわけではない。最初は人の「手」が近づくことさえも怖がって体を硬くするから、人に触ってもらうなんて、とうていムリな状態だった。でも僕は、なんとか祭が人と触れあえるようになってほしくて、試行錯誤をくり返した。というのも、当時の犬のしつけといえば、言うことを聞かせる服従トレーニングが主流で、「犬の心のキズをなんとかしよう」という対処法どころか考え方すらなかったからだ。

人間ですらやっと「心のケア」という考えが社会に認知されてきた時代だったから仕方がないが、だからこそ僕は、祭を通じて、心のケアが必要な犬が、人間と心を通わせられるようになっていくにはどうしたらいいのかを学んだ。オヤツを人の手から直接もらうようにしたり、とにかく散歩中に出逢った人に頼んで、僕が抱っこしながら祭を触ってもらったり、「人間は怖い存在じゃないんだ」「祭はみんなに愛されているんだ」ということをわかってもらえるようにと、人間の赤ちゃんにするのと同じようなことをした。

時間はかかった。でも、それは決してムダではなかった。

そうやって人の手を怖がらなくするトレーニングを続け、気がつけばウチの犬《コ》として、同じダックスのデュッカと一緒に店の看板犬として、僕が抱っこをしなくても、来たお客さんに触られても平気になった。祭は、恐怖を克服したのだ。

これは、僕にとっても大きな経験で、のちの保護活動すべてにつながっていた。最初の頃は、ただ純粋に、「犬も人間と同じだ」と考えてしていただけだったが、後々考えてみると、そうすることが一番、犬にとっても人にとってもベストな方法だと気づいたのだ。

祭の心のケアは、僕に大事なことを教えてくれた。どんな状態の犬でも、心のキズを癒すことができれば、人と暮らしていける。だから僕はまず、犬の心の状態を見ることにした。それは正解だった。犬も人間と同じ生き物で、感情がある。怯えきった状態でトレーニングを続けるよりも、まず怖がっているとか淋しがっているとか、犬の心の問題に寄り添い、それを解決することに力を注いだ。そして、そのあとで社会性を身につけるトレーニングをすることにしたのだ。効果はてきめんだった。

だからこそ僕は今でも、犬を保護しても、たらい回しのようにすぐ譲渡することはなく、必ず犬の心の状態（と健康状態）を見る。問題を抱えている犬の状態はそれぞれ違い、それを解決しないで新しい生活を始めても、犬も、そして迎え入れた人間も、幸せになりはしない。それがよくわかっているからだ。

それから約十八年。

祭は、保護犬第一号にして、たくさんの保護犬の先輩として最古参《さいこさん》となり、たくさんの犬と接し、僕と一緒に彼らの心のキズに寄り添い、同時に、たくさんの犬を見送ってきた。とても穏やかな性格なので、ＮＰＯの活動の一環として行っている、老人ホームや福祉施設を慰問《いもん》するセラピードッグとしてもとてもかわいがられ、たくさんの人たちに抱っこされてもいた。

ここ数年は、病気で目も見えなくなって、ヨボヨボのおばあちゃんだから寝ていることが多かったけれど、ゴハンの時間になると嬉しくて吠えるなど元気な姿を見せてくれていた。しかし、あと数週間で誕生日という二〇一九年一月十三日、静かに息を引き取った。一歳にもならないときに、ひょんなことで僕のところに来て、天寿をまっとうした祭。天国で、「ここに来てよかった」と思ってくれているだろうか？

## 「殺処分」という現実

このように、僕の保護活動は、僕の感情で突っ走ったことから始まった。

今でこそ、年間五十頭以上の犬の保護をして、「殺処分ゼロのために活動している」ことで知られるようになった僕だが、思わぬ形で始まったというのが正直なところ。あの頃の僕は、「殺処分」という社会問題を解決しよう、という高尚な考えを持っていたわけではなく、普通の人と同じように「かわいそう！」という気持ちが強かった。

実際、祭の後にも何十頭か保護したが、捨て犬だったとか、飼い主が亡くなったとか、「不幸な犬」の保護がほとんどだった。

僕が「殺処分」というものをキチンと知ったのは、恥ずかしながら、デュッカと祭を散歩に連れ歩いて、出逢う人に「こういう理由で引き取った」と説明しているなかでのことだった。そこで、祭と同じ境遇の犬がたくさんいること、そして、それまで、迷子犬が「保健所に連れて行かれる」ということは知っていても、その先に何が待っているかは、知りもしなかった。

動物、とくに犬の場合、「狂犬病」という、犬が咬むことによって犬や人間に感染する恐ろしい病気を発症する場合がある。この病気にかかると、文字通り犬が狂ったような行動をとったりして、最後には死に至る。これは人間も同じで、狂犬病にかかった犬に咬まれた人間も死に至らしめる、特効薬もない恐ろしい感染症だ。日本では、一九五〇年に「狂犬病予防法」が制定されて大規模な対策がなされるまで、犬も人間も、かなりの数の死者を出してきた歴史がある。ただ、この法律のおかげで予防接種が徹底され、法律が施行されてたった七年で、国内の狂犬病発症がゼロになった。犬を飼ったら自治体に届け出をして、毎年予防接種しなければならないのも、その「狂犬病予防法」に規定されている義務だからだ。それを守らない飼い主は、僕は犬を飼う資格がないと思っている（実際、飼育放棄される犬は、ほぼ百パーセントそれが守られていない現実がある）。

実は、この「狂犬病予防法」は、もう一つ大事な流れをつくった。野犬だけでなく、身元不明の迷い犬を保健所や動物愛護施設（自治体によって名称は異なる）が収容し、「殺処分」することを大義名分化させたのだ。今から五十年以上前の価値観だ、それも無理からぬことだろう。実際、それまでは野犬に咬まれて狂犬病を発症したケースが多々あったのだ。だから、あくまでも、動物のためではなく、人間の社会の保健衛生のため、人間のための部署である「保健所」が担当していた。

しかし時は過ぎ、欧米より基準が甘いとか罰則が弱いなど、いろいろ課題があるとはいえ、「動物愛護法」というものもできた。今、日本で狂犬病の発症はない。ただそれでも、保健所や動物愛護施設に収容された犬は「殺処分」されている現実がある。迷子の犬だろうが、一週間待って飼い主が現れなければ、殺処分されるのだ。当時の僕は、それを教えられて愕然《がくぜん》とした。しかもその方法が、何頭もの犬が狭い部屋に押し込められて、二酸化炭素中毒で窒息死させられるということだった。

「なんで、罪もない犬たちが殺されているんだ!?」

たしかに、僕の住む大都市名古屋では、野良犬を見ることはなくなった。でも、その陰で、狂犬病を発症しているワケでもない犬が、人間の都合で「殺処分」されている現実を聞いて、我慢ならなかった。

「こんなのは、絶対におかしい！」

何事にも思い込んだらすぐ突っ走る僕は、殺処分を行っているという、名古屋市の管轄する動物愛護施設、名古屋市動物愛護センターに、「今すぐ殺処分をやめてくれ！」と直談判をしに行った。

でも、愛護センターの職員は、名古屋市の行政職員だ。これはどこの自治体も変わらず、「殺処分」は自治体の管理で行われている。行政には、毎日のように文句を言って来る人がいるそうだが、愛護センターもご多分に漏れず、「動物を殺すな！」「残虐だ！」「おまえには心がないのか！」「子どもに恥ずかしくないのか！」「おまえの名前を教えろ！」など、数々の罵倒を浴びせられてきたそうで、僕の感情的な言葉も、まともに取り合ってはくれなかった。

「それはできません……」

今なら、愛護センターの人の気持ちもよくわかる。愛護センターは過酷な職場だ。自治体に勤める公務員とはいえ、自分も動物を飼っている人もいるし、獣医師もいる。とくに獣医師は「動物が好き」だからなる職業だが、その人が、動物を「殺処分」する決断を下すのだ。

しかし、世間はそうは見ない。

「愛護センターなんて名ばかりで、動物を平気で殺す血も涙もない人たち」とすら思っている人も多いようで、動物を飼っている人たちから、かなりのバッシングを受けるそうだ。職員の名前を明かせば、職員への直接攻撃のみならず、その子どもが、「おまえの親は動物を殺してんだ！」とイジメられたりするそうだ。これは、日本に限ったことではなく、台湾では「殺処分」することに苦悩して、動物に使っている安楽死の注射を自らに行い自殺した職員もいた。実際、行政のなかで「行きたくない職場」であることは間違いない。誰も好き好んで、「殺処分」なんてしたくないからだ。とくに、自治体の職員になろうとする人は、（安定をほしがる人も多いが）「社会に貢献したい」という人も多い。そんな人が、殺処分をする機械のスイッチを入れる。

悪いのは、動物を捨てる飼い主なのに……。

僕は、何度も愛護センターに直談判しに行った。祭を保護したときと同じように、僕は自分の感情にストレートに従った。引き取り手がないから、殺されるんだ。だから、僕が引き取り手になればいい。

「僕が引き取るから殺処分はやめてくださいよ！」

何度も何度もお願いした。しかし、返ってきた言葉は、冷たいものだった。

「規則ですので、それはできません」

## 立ちはだかる高い壁

僕は戸惑った。今ここに、殺処分される動物を保護したいと言っている人間がいるのに、それができないというのだ。何のために？　僕は職員に詰め寄った。

「そんなのおかしいでしょ!?」

それでも職員は、同じことをくり返すばかり。

「規則ですので……」

でも、今思えばそれも無理からぬ話だ。実際に「引き取りたい」と言って譲渡しても、「やっぱやめる」と言って戻って来られたり、そのまま捨てられたりする「前例」ができてしまうと、ルールがルールでなくなり、めちゃくちゃになるからだ。とくに動物は、「思っていたのと違う」ということで平気で捨てられる。最近は保護犬ブームで、譲渡会などで保護犬の里親になる人もいるが、飼ってみると思いどおりにいかず、飼育放棄して、再び保護犬に戻るケースもあるくらいだ。ペットブームの当時なら、なおさらそうだろう。

愛護センターのルールでは、動物を保護して、一週間（場所によっては三日ということもある）、飼い主が現れなければ、殺処分される。そして、施設もそのために設計されており、檻のようになっているいくつもの部屋が隣同士に並んでいる。同じ日に保護された犬がそこにまとめて収容され、そして、一週間後、その部屋を「空にするために」、犬を殺処分機まで追いやり、殺処分をする。そして、「空になった」部屋に、迷子犬や飼育放棄犬が収容されていく。そのくり返しだ。それが、愛護センターの日常なのだ。そうしないと、動物たちであふれかえってしまう。それくらいここには、人間に見捨てられた動物たちが集まってきていた。これは、全国どこでも似たような形になっている。だから、動物が迷子になったときに飼い主を見つけるために必要な情報が取り出せる「マイクロチップ」というものを入れることが推奨されている（二〇一九年の法改正でマイクロチップの装着が義務化されることが決まった）。しかし、マイクロチップがないとか、飼い主が見つからない場合、小さな生命の猶予は、たった一週間だ。

ただ、愛情のある飼い主であれば、一週間も必要ない。いなくなったらすぐに警察、保健所、愛護センターに問い合わせするからだ。それがないということはつまり、「捨てられた」のだ。だからこそ、殺処分されてしまうということが成り立つ。

捨てる人がいる現実がある以上、何を言ってもムダだと感じたので、僕はいったん引き下がった。

しかし、折を見て何度も愛護センターに直談判する日々は続き、職員の行動を促そうと、いろいろ言い方を変えてみたりもした。

「前例や規則なんて破るためにあるんだ！」

「ここで英断を下せば、日本じゅうのペット愛好家から賞賛されるぞ！」

「なんで生命を救いたいっていう人間がいるのに殺すんだ!?」

それでも、立ちはだかるのは「規則」という高く、分厚い壁。また、施設自体も、そうなっていた。

名古屋市動物愛護センターは、「愛護館」と、「管理棟」という二つの施設に分かれていた。愛護館は、一般向けの明るくて親しみやすい場で、飼育放棄や迷子などで収容された犬や猫のなかから、譲渡に問題がないとされる主に子犬や子猫などを新しい里親さんに引き渡す場所であり、しつけ教室など、動物愛護活動への啓発も行う、本来の「愛護」のための活動をする場所。そしてもうひとつの管理棟がいわゆる、犬や猫を収容し、引き取り手が現れなければ殺処分する場所だ。光と影の「影」の部分と言ってもいい。みんながカワイイと寄ってくる子犬のいる、明るいペットショップのショーケースが「光」とすれば、人間に見捨てられた成犬たちがおり、殺処分される施設もある管理棟はまさに「影」で、一般にも公開されていない場所だった。


僕はいつもこの管理棟に入る手前の面談室で話していたが、その日は愛護センターの責任者である当時の所長が、管理棟の中、つまり殺処分している現場を見せてくれると言う。正確に言うと、僕があまりにもしつこく粘るものだから、「現実」を見せてあきらめてもらおうと思ったようだ。それくらい、僕はここに来たら一日じゅう抗議していたし、職員が困っているのもわかった。所長の立場からすると、このまま居座り続けられて業務の支障になるくらいなら、僕に、いかに多くの動物が毎日のように運ばれて来ているのかを見てもらい、「センターが殺処分せざるを得ない環境」であることを理解してもらえるのではないかと考えても不思議ではない。今思うと、非常に迷惑をかけたと思う。

所長に案内されるまま、ステンレスでできた扉を開けた瞬間、ズラッと横に続く檻が見えた。まるで刑務所だ。そして、僕が入った瞬間、鉄格子の向こうにいる犬たちの視線がいっせいにこっちを向いた。物言わぬ犬の目には「想い」が込められている。でも、そのときに僕が感じた「想い」は、これまで味わったことのないもので、それが一斉にワッと僕の心に飛び込んで来たのだ。その瞬間、僕は腰砕けのようになってしゃがみ込んでしまい、止めどなく涙があふれ、頭を抱えて嗚咽《おえつ》し、しばらく立ち上がることもできなくなった。

そこにはたくさんの犬がいた。「迎えに来てくれたの？」と言わんばかりにシッポを振ってこちらに寄ってきた犬もいれば、奥の方には、ふるえて山のように折り重なるようにかたまっている犬たちもいた。祭をはじめ、これまで怯えた犬はたくさん見てきたが、それとは次元の違う、異様な光景だった。人間を信じられなくなった冷たい目をし、ひたすら吠え続けている犬もいた。いずれにせよ、この犬たちはもうすぐ死んでしまうという点では共通していた。僕は、一瞬でそれを想像し、そして耐えられなくなったのだ。

ようやく立てるようになったものの、ヨロヨロになりながら、所長に案内されるまま檻の横を歩いて行った。

あとになって聞いたことだが、そのときの僕は、檻の中にいる一頭一頭に向かって、何度も「助けてあげられなくて、ごめんな」「救ってあげられなくてごめん」と話しかけていたらしい。僕は、目の前にいる、これから消えゆく小さな生命に対して、何もできない無力な自分をわびたかったのかもしれない。ここにいる犬たちは、「死」を直感している。それが、心にズシリと重石となって残った。

檻の横を歩きながら、鉄格子の中の様子にもショックを受けた。床にはオシッコやウンチがそのままの状態で、点々としていた。所長の説明によると、税金で運営している以上、とても人手が足りないため、ウンチをしたからといって毎回掃除するわけではなく、まとめて掃除をするのだそうだ。一日に何回かは掃除されるので、それなりにキレイにはしてあったが、冷たいコンクリートの床だったことにも衝撃を受けた。昨日までやわらかい家のベッドで寝ていた犬が、こんなところで寝泊まりをすることになる。その残酷な現実が、また心を重くした。

檻は同じつくりのものが五つ並んでおり、一週間ですべての犬が入れ替わる。つまり、前の住人である何頭もの犬たちはすべて殺処分して空にして、新しい犬をまたそこに入れるという「作業」のくり返しだ。それだけ犬を捨てる人がいるのだと所長が苦々しく語っていたのが印象的だった。

犬たちがここに収容される理由は様々だ。「迷い犬」として収容される犬のなかで、飼い主が本気で探している犬は、すぐ飼い主が迎えに来る。でも、ほとんどが「迷い犬」と言いながら、明らかに捨てられた犬だ。人なつっこいけど首輪のない犬は、捨てられたことは明白で、またそれが残酷に感じられた。ほかにも、飼い主が直接センターに連れて来た犬も多い。センターでは「引き取り手が現れなければ殺処分することになる」と伝えるそうだが、それでもかまわないと捨てていくそうだ。

里親になりたいという希望者がいないわけではない。センターでは、子犬や比較的若くて人になつく犬なら「審査に合格」となって里親に譲渡もしているが、そんな飼いやすい犬はまず捨てられないし、いてもごく少数だ。ほとんどの犬は、譲渡に向かないと判断された、高齢の犬、病気のある犬、咬みつくなどで人になつかない犬だった。檻の中にはCMでブームになった犬種もたくさんいたし、人なつっこいが飼い主が亡くなったからといって連れて来られた高齢犬もいた。こういった犬は、「審査に不合格」となり、殺処分の対象となった。若くて健康で、ドッグトレーナーとしての僕が見て、トレーニングさえすれば、飼う上でまったく問題がない犬でもそうだった。

生命の猶予は一週間。その期間内に元の飼い主が現れれば助かるが、それがなければ、一週間すると檻の一つがいっぱいになるので、文字通り殺処分しないと、回らない……。それが当時、つい十年前の二〇〇九年までの名古屋市動物愛護センターの現状であり、今のどこかの動物愛護センターの日常でもある。

## ドリームボックスでの叫び

犬たちの悲しい瞳、おびえる姿にも衝撃を受けたが、それ以上にショックだったのが、檻の奥にあった殺処分機だ。人間が三、四人かがんで入れる大きさのステンレス製の箱で、二酸化炭素が注入される穴と、ちゃんと息絶えたかを確認するための小さな窓しかついていない。二酸化炭素が充満した部屋で眠るように死ねるということで「ドリームボックス」といわれるそうだが、実際には徐々に酸欠になっていくため、十分程度暴れ、もだえ苦しみ、バタバタと寄りかかるように倒れ、死んでいくそうだ。僕からすると「鉄の棺桶」でしかなく、「ドリームボックス」という名前が皮肉にしか感じられなかった。

僕は所長にお願いして、特別にドリームボックスの中に入らせてもらった。犬たちはどんな気持ちになったのだろうかと。僕はそこに一人で入り、考えた。

檻の手前の鉄格子は可動式になっており、殺処分の当日、鉄格子を奥に押し込み、後ろに開いた奥の通路に犬を追いやって、犬たちをドリームボックスに誘導する。そこまで離れていない場所にドリームボックスがあり、そのことにも衝撃を覚えた。犬は苦しみながら死んでいく。であれば、今日、殺処分にならない犬も、そのときの悲鳴を聞いていないはずがない距離なのだ。さらに犬は人間にくらべて、おそろしく嗅覚が発達した生き物だ。息絶えたときの、ニオイを感じることもあっただろう。あの、僕に一斉に飛び込んできた「想い」は、「死」が目前に迫っている、犬たちの様々な「想い」だったのだ。

そして、殺処分の当日、死の恐怖は最高潮に達し、苦しみながら死んでいく……ドリームボックスの中にある、本当に数え切れないほどある無数の爪あとがそれを証明していた。

そう思った瞬間、僕の中で何かが切れた。

「うわ――――――――――――――ッ!!」

僕はドリームボックスの中で、泣きながら大声で叫んでいた。

「もう、ぜんぶ連れて帰る――――――――――――――ッ!!」

なんで、何の罪もない犬たちがそんな目に遭わないといけないのか!?　なんで、トレーニングすれば人になつく犬も「不合格」として殺処分するのか!?　助けられる生命を、こんな簡単に殺していいのか!?

僕は、「人と犬のより良い共存」ができればと思って、一生懸命勉強して、必死になって、犬のトレーニングをしたり、飼い主にアドバイスをしたりしてきた。でも、ここでは、どんな動物であれ、人間が「いらない」としたら、生きていくことすらできないのだ！

こんな不幸なことがあるだろうか？

こんな理不尽な、生命への仕打ちがあるだろうか？

――だったら、僕が連れて帰って幸せにしてやる！

堪忍袋の緒が切れた僕は、最終手段に出た。所長席の前で座り込みをしたのだ。

「とにかく連れて帰らせてくれ！『うん』と言うまで帰らん！」

とても、もうすぐ四十になろうかという人間とは思えない子どもじみた方法だったが、それだけ僕は必死だった。もう、僕にはそれ以上の手段が思いつかなかったのだ。あの、「死」を目前とした犬たちの目を見て、犬たちの「想い」を感じてしまった僕には、このまま何もせず帰るなんてできなかった。

所長とも散々話し合った。何十分かけたかはわからない。そうこうして粘っているうちに、所長は別の部屋へ行き、一頭の小さな小さな白いマルチーズを抱いて戻って来て、僕にこう告げた。

「この犬は、明日、殺処分される予定の犬《コ》です。高齢で、体じゅう癌だらけで、明日死んでもおかしくありません。この犬《コ》を助けてあげてください」

僕の望み通り、連れ帰ってもいいと言ってくれたのだ。「明日死んでもおかしくない犬なの？」と思う人もいるかもしれないが、僕は文字通り飛び上がって喜んだ。

「ホントに!?」

「ええ、この子であれば……我々も気持ちとしては、なんとかしたいんです」

所長は本気だった。そのとき、僕が檻の向こうの犬たちに謝っていたという話をし、自・・・・分たちも、殺処分するときはいつも同じ想いなのだと話してくれた。

僕はそれまで、センターの職員は敵だと思っていた。対応もそっけなく、何の罪もない動物たちを平気で殺せる冷たい人たち――でも、そうじゃなかった。彼らは彼らで苦しんでいたのだ。自分の仕事の使命を果たさなければいけない葛藤と、何の罪もない動物たちを殺さなければならない葛藤――所長は、放っておいたら真っ先に死ぬ、癌だらけの、殺処分対象の犬であれば、「殺処分したことにして」譲渡するという、いわば規則の「抜け道」を使って、生命を救うためにできる方法を選んだのだ。

その小さなマルチーズは、飼い主が離婚して実家に戻ったものの、飼育拒否となり愛護センターに持ち込まれたそうで、抱くだけで体中にしこりがあるのがわかり、たしかに癌だらけということがわかった。これは今でも変わらないが、愛護センターでは、常駐の獣医師がいるため、ある程度の診断はされるものの、殺処分される可能性のある動物に対して治療は行われない（税金だから当たり前だ）。このマルチーズは、病気があり、高齢で飼育拒否されたため、譲渡することもできず、真っ先に殺処分される代表のような犬だった。でも、僕はそれでもよかった。

保護したマルチーズは、真っ白な毛色だったこともあり〈雪《ユキ》〉と名付け、保護したその足で動物病院に連れて行って、癌を全部とりのぞく手術をしてもらった。動物は人間のように保険が効かないので、治療費がかなりかかったが、そんなことはどうでもよかった。とにかく、殺処分される犬を、生命ある存在を、救うことができたから。

このことで僕には、一つの考えが浮かんだ――「これで前例ができた！」

実際、その数日後すぐに、四頭のミニチュア・ダックスフントを引き出すことができた。行政は前例主義。一度でも前例を作れば、認めざるを得ないのだ。

そしてその年、何頭もの殺処分予定の犬を引き出すことができた。僕の店に来るお客さんやその知り合いで、そういった保護した犬を引き取る里親になってくれる人がいてくれたからというのも大きい。僕のやったことは間違いじゃなかった。

必要とされない生命なんてないのだ！

ただ、心残りもあった。

あのとき、檻の中にいた犬たちのほとんどは、予定通り殺処分された。つまり、僕があのときに見た犬たちは、もうこの世にはいない。いくら僕が雪をはじめ数頭引き出したからといって、すべての犬は救えなかった。次から次へと、人間に捨てられた犬が愛護センターにやって来る以上、センターは殺処分を止められない。

僕はあのときに目が合った犬、一頭一頭の顔を、二十年近くたった今でも覚えている。夢に出て来てうなされることが何度もあったし、正直いって、あのときの「恐怖」は僕のなかに残ったままだ。でもそれが、今の僕を突き動かしているのかもしれない。

僕はあのとき、消えかかる生命を救えたが、救えない生命の方が圧倒的に多かった。それでも、たとえたった一つでも、生命を救ったことに意味はあったと思う。

癌だらけだった雪は、すぐに手術したこともあり、そこから僕の元で、僕の家族である犬たちと一緒に五年も暮らし、最期はみんなに見守られながら、苦しまず天に召された。

あと一日で冷たい金属の箱の中で、苦しみながら消えるはずだった生命が、温かいぬくもりを感じながら、その生命を五年もまっとうできたのだ！

僕の保護活動の始まりは、祭《まつり》との出逢いだった。

そこから何頭もの犬を保護してきた。でもそれは、あくまでも純粋に、小さな生命あるものへの「想い」からだった。でも、愛護センターから雪を引き取ってから、それが社会を巻き込む形で、大きく変わっていく。

デュッカと出逢い、デュッカによって犬の仕事に導かれた僕がたどりついた、もうひとつの僕の仕事、「生命を救う仕事」が本格化したのだ。

## ＮＰＯ法人〈ＤＯＧ　ＤＵＣＡ〉の誕生

愛護センターの職員の「なんとかしたい」という想いは形になった。

名古屋市はその翌年の二〇一〇年七月に、「譲渡ボランティア制度」というものを作ったのだ。そのとき、全国で二例目だったと思う。

この制度は、愛護センターに収容された犬や猫を、殺処分するのではなく、僕のように「保護したい」と言ってくる「譲渡ボランティア」に譲渡する制度だ。譲渡ボランティアは、保護した犬や猫を、自身が終生面倒見てもいいし、「里親になりたい」という人に譲渡することもできる。この新しいルールは、どういう経緯でできたのか詳しくは聞いていないが、僕からしたら願ったり叶ったりの制度だった。実際、それから愛護センターの職員さんと協力して生命を救っていくことが増えていった。さらにその頃、〈わんわん保育園〉のある地域の保健所の職員で、僕の保護活動を応援してくれていた鳴海さんが愛護センターに異動したことも大きかった。ここからさらに、僕の「小さな生命を救う活動」が本格化する。

譲渡ボランティアは登録制で、最初は、「団体に限る」とされていた。だから僕は、NPO法人〈DOG　DUCA〉を立ち上げることにした。それが、NPOを作った理由だ。その後、制度が変わり、個人でもOKということになったのだが……それでも、NPOにしたことで、活動の幅が広がったり、社会的認知度が高くなったりしたのも事実だ。

それに、寄付も受けられるようになった。

動物の保護をするということは、愛情だけでは成り立たない。

たとえば金魚のような小さな生き物ですら、エサ代、水槽や水、フンもするのでフィルターなどが必要になり、当然いくらかのお金はかかる。まして、犬や猫などの哺乳類の場合は、僕たち人間と同じように、それなりの量のウンチもオシッコもする。エサ代も金魚の比ではない。体が大きければ大きいほど、エサ代もかかる。毎年、狂犬病の予防接種を受けなければいけないし、蚊やノミ、ダニなどの予防ワクチンも必要だし、子どもを作らないなら去勢避妊手術も必要だ。散歩をする時間も必要だ。一頭や二頭ではない。保護犬だけで二十頭、三十頭になることもある。

また、病気になった場合は、その治療費もかかる。そしてこの治療費が驚くほど高い！人間、とくに日本の場合、国民皆保険制度があるので、年齢によって負担額は異なるが、限度額申請すれば高額治療も気にならないし、かかっても三割の治療費しか払わなくていい。でも、動物の場合はそうはいかない。哺乳類は人間と同じように糖尿病や心臓病、癌、骨折したりもするので、体が小さいとはいえ、それなりの施設や技術が必要で、当然お金もかかる。今はペット保険というものに入る人も増えてきたが、それは、病歴のない子犬だから入れる保険がほとんどで、何かしらの病気を持っている、たとえば愛護センターから保護した癌だらけだった雪《ユキ》のような犬は、ペット保険に入ることができない。だから全額負担が当たり前だ。そして、基本的に「捨てられたペット」は、お金がかかる、病気や高齢な犬であることが多い。そういった治療費を惜しむ飼い主がたくさんいるからだ。

そのため、譲渡ボランティアになることは、簡単ではない。自治体によって、譲渡ボランティアに対して「助成金」や「補助金」を交付するところもあるが、それ目当ての団体ができる（実際にいる）ことを懸念した名古屋市にはその制度はない。お金目当てで保護して、実際は飼い殺し状態だった団体も存在するからだ。

しかしその結果、文字通り「ボランティア」として、持ち出しで保護活動をする必要があるのだ。一頭や二頭ならいざ知らず、年間に何十頭もの動物を保護する場合、寄付がなければ活動を続けるのは難しい。だから、途中で挫折する団体も出てくるし、そうならないために、保護頭数を最小限にしているところも多い。これは、動物愛護のジレンマと言っていい。保護したいけど、限度がある。限度を超えると、また保護した動物たちが路頭に迷ったり、殺処分のループに戻ったりしてしまう。それでは本末転倒だ。僕は、寄付金だけで運営できないのは目に見えていたので、〈わんわん保育園ＤＵＣＡ〉や〈トリミングサロンＤＵＣＡ〉の売り上げ（と僕の給料）をＮＰＯに寄付する形でなんとか活動を続けている。幸せな犬から頂いたお金で、不幸な犬を救う仕組みともいえる。

それでも僕だけじゃなく、他の団体がセンターから引き出すことができるようになり、着実に名古屋市の犬の殺処分数は減っていった。

僕が雪を引き出すことに成功した二〇〇九年、名古屋市愛護センターで殺処分された犬の数は二〇七頭だった（その前年は二九一頭）。そしてその翌年の二〇一〇年、譲渡ボランティア制度が始まった年は二〇三頭だったものの、その翌年の二〇一一年から一七四頭、その次の年が一一四頭、次が八五頭と、確実にその効果は現れ始めていた。動物愛護への気運が高まっていたことも大きい。

それでも、「殺処分ゼロ」までには至らなかった。

「ゼロにする！」という強い流れが生まれなかったからだ。

# 第四章　「殺処分ゼロ」達成とその裏で

## ドーベルマン、人を咬む

譲渡ボランティア制度が始まって五年が経ち、動物愛護の気運の高まりも受け、これまで世間で疎んじられることの多かった愛護団体に光が当たり、活動も拡大した。その結果、名古屋市での犬や猫の「殺処分」は、右肩下がりが続いていた。

実際、メディアで取り上げられることが増えたこともあり、僕たちNPO法人〈DOG《ドッグ》 DUCA《デュッカ》〉の活動を支援してくれる人は、どんどん増えていった。これは、他の団体にもあることだろう。もちろん、「譲渡ボランティア制度」にも問題がないわけではなかった。連絡先を公開すれば、目の前に犬や猫が放置されている、ということもあった。また、ボランティア団体の負担が大きすぎて、収容頭数の限界まで保護して、疲弊しきってしまうこともある。これは、全国の愛護団体が抱える悩みでもあり、昨今はそういった愛護団体の「多頭飼育崩壊」も珍しくなくなってきた。もちろん、僕たちにも、その可能性はなくはない。ここでは、〈わんわん保育園〉や〈トリミングサロン〉での売り上げをNPO法人〈DOG　DUCA〉に寄付するという仕組みでなんとかやっているが、それでも、ギリギリのラインで活動している。だから、保護したくても、できない現実があるのだ。それだけ、捨てる人がいる。そこが変わらない限り、このイタチごっこは続く。そしてだからこそ、「殺処分ゼロ」になるには、まだ何かが足りない、と思っていた。

そんなことを思っていた二〇一五年の五月二十八日。ここ、〈ＤＯＧ　ＤＵＣＡ〉のある名古屋市守山区の住宅地で、「飼い主がゴミ出しをしている隙《すき》にドーベルマンが逃げ出し、人を何人も咬んで、愛護センターに収容された」という全国でもニュースになった事件が起きた。僕は小学校のＰＴＡ会長をしていたこともあり、その事件と、該当学区の児童が帰宅することになったことを緊急メールで知った。夜になってテレビを見たら、報道ヘリが撮影した、警察官を追いかけて咬みつくドーベルマンの姿が映し出されていた。

僕はそれを見て直感的に、「殺処分ゼロが難しくなる！」と思った。

翌日、僕は愛護センターに電話を入れた。

「あのドーベルマン、絶対に殺処分しないでよ！」

通常、「譲渡ボランティア制度」では、愛護センターに収容された動物（迷子もいれば飼育放棄もいる）についての情報を、登録された譲渡ボランティアにメールで流す。こういった経緯で収容し、こういった特徴があるというような写真付きの書類が送られてくるわけだ。これを見て、自分のところで保護できると判断した譲渡ボランティアが「保護します」と手を上げる。

しかし今回は、咬傷《こうしょう》事件を起こした大型犬のドーベルマン。飼い主は高齢で、追いかけた際に転倒して骨折し、とても面倒が見られる状態ではない……譲渡ボランティアのところには情報が回ってこないような気がした。とはいえ、僕自身、ドーベルマンのトレーニング経験もなく、人を咬んだ映像も見ているだけに、トレーニングの過程で咬まれることもよくある仕事とはいえ、大型のドーベルマンだ、不安がないわけではなかった。

愛護センターに犬が収容されると、狂犬病が発症していないかを、獣医が一週間診察することになっている。だから、当のドーベルマンも、一週間経って狂犬病が発症していなかった場合にセンターに会いに行く話をつけた。後で元の飼い主さんも「なんとか殺処分は避けてくれ」と言っていたと聞いた。

「譲渡ボランティア」とはいえ、参加するボランティアは様々だ。僕たちのようにNPO法人としてスタッフを抱えているところもあれば、個人でやっている方、便宜上団体名をつけているが個人でやっている方もいる。犬種を限定して保護している団体もあれば、「自分たちが受け皿になると、捨てる人が増えて逆効果だ」という考えから一般の方からの相談や保護は一切受け付けない団体、愛護センターからしか保護しない団体、譲渡に向く動物しか保護しないという団体もある。保護してほしいと言ってくる人が増えるから、連絡先すら載せていない団体もある。僕たちのように、表に出て、一般からもセンターからも保護している団体は極めてまれだ。

ボランティアである以上、それぞれの考えがあって行動するし、自分たちにできる以上のことをしないものだ。そして行政も、それを求めることができない。これはなにも名古屋市に限ったことではなく、実際に地元の愛護団体に連絡したが、「愛護センターからの保護しかやっていない」とか「相談は受け付けていない」と言われ、結果、遠く離れた〈DOG　DUCA〉に助けを求めてくる人もいる。

僕たちの場合、あくまでも僕自身がドッグトレーナーということもあり、飼い主さんに直接犬を連れて来てもらって相談に乗ったり、愛護センターから保護する犬も、他の団体さんがなかなか手を上げない、トレーニングが必要な「よく吠える犬」や「人を咬む犬」など、社会性のない「問題犬」を保護したりすることが多くなった。その頃の僕は、祭《まつり》を保護した駆け出しの頃と違い、何千頭という犬にトレーニングを施して、自分のトレーニングに自信を持っており、そういった問題犬を何頭もセンターから引き出し、社会性を身につけさせて譲渡してきた自負もあった。だから、少し不安はあったものの、ドーベルマンの保護に手を上げるのに躊躇《ちゅうちょ》はなかった。なにより、愛護センターに「殺処分をやめろ！」と直談判したときのように、「目の前の生命を救いたい！」という気持ちが強かった。僕が手を上げなかったら、そのドーベルマンは確実に殺処分されると思ったからだ。

譲渡ボランティア制度ができたからといって、「殺処分ゼロ」が実現したわけではなかったから、「人を咬んだドーベルマン」は、真っ先に殺処分の対象となりえた。これが体重三キロくらいの小型犬ならそうはならないかもしれないが、その十倍以上もある五十キロの大型犬で、鋭い牙を持つドーベルマンの成犬だ。人を何人も咬んだという事実もある。普通に考えて、譲渡先が見つかるとは思えない。個人に譲渡するのも現実的じゃない。「譲渡ボランティア制度」がなければ、百パーセント殺処分されていたはずだ。

だから僕は、そのドーベルマンの保護を決めた。

しかしそれは、僕が考えている以上に険しい道のりの序章にすぎなかった。

## 生命を救うプレッシャー

狂犬病発症の有無を観察するための一週間が過ぎた後、ドーベルマンと会ってみて、「この子ならなんとかなる」と思った。怖がって吠えているのがわかったが、人間に慣れないわけではなかったからだ。

だからといってすぐ連れて帰れたわけではなかった。聞けば、ドーベルマンは四歳のオス。これは人間にも言えることだが、若い男の方が攻撃的だ。去勢をしていなければなおさらそうだ。

まして、このドーベルマンの飼い主は高齢者で、散歩に出たこともない。だから、飼い主がゴミ出しのために柵を開けた瞬間に飛び出したとき、かなりパニックになったのが容易に想像できた。

人間たちは、犬は賢いから何でもすぐできるようになると思いがちだが、そんなことはない（もしそうだったらドッグトレーナーという職業もない）。人間と同じように経験を積み重ねて学習していくのだ。たとえば外での散歩一つでも、初めて外に出た犬が一歩も歩こうとしないことも珍しくない。何があるかわからない恐怖で、先に進めないのだ。そのドーベルマンの場合は逆で、常に柵のある駐車場の中にいた。そして、今まで出たことがない「外の世界」に出て溜まっていたエネルギーが爆発し、興奮してパニックになったのだろう。後で聞けば、そのドーベルマンは、人里離れたブリーダーの元で生まれ育ったようで、人が住む住宅地を歩いたことなどなかったそうだ。

パニックになったドーベルマンは、自分の心をコントロールすることができなくなって、その大きな体と鋭いキバを見て逃げ出す人間を狩猟本能で追いかけてしまい、咬みついた。人間と違って犬は、思わず、スイッチが入ってしまうことがある。これは犬が凶暴であるかどうかということではなく、本能の問題だ。そもそも、ドーベルマンは見た目ほど凶暴な犬ではなく、もともとは警備犬としてつくられ、知能の高さゆえ、警察犬や盲導犬になるほど人との親和性が高い犬だ。理由がなければ、人を攻撃することはない。

それでも、僕は慎重だった。なぜなら、僕がそのドーベルマンに咬まれたら、すべては終わる——つまり、ドーベルマンの殺処分が決まるからだ。

僕は、これまで保護してきた犬以上に繊細に、ドーベルマンとの関係を築くことにした。「吠える」とか「咬みつく」という犬でも、防衛本能でやっていることがほとんどだから、こちらが危険でないことがわかってもらえれば、心を許し、抱っこさせてもらえることがほとんどだ。それは、犬という動物が、人間が人間と暮らすためにつくった動物である、という揺るぎない事実が根底にあるからだ。犬も猫も、人間と情が交わしやすいように人間がしてきたのだ。だから、その感覚で他の動物を飼うと、失敗することもある。

話はそれたが、僕は何度も愛護センターに足を運び、ドッグフードやオヤツを与えたり、お座りや待てなどを教える服従トレーニングをしたりしながら、僕という人間を安心して受け入れてもらえるようにしていった。そして、愛護センターの職員さんにも「譲渡できる」と承認してもらい、センターからの譲渡日が決まった。

大きなニュースになったこともあり、その日は、多数のメディアが取材に来ることもわかった。僕はその前日、眠ることができなかった。そう、たくさんのメディアの前で、僕がドーベルマンに咬まれる姿がカメラに収められたら、ドーベルマンの生命の火が消されてしまう——そのことが怖かったからだ。

ドーベルマンの譲渡日。

僕はセンターの施設からドーベルマンを連れ出して周囲を散歩させた。

散歩は、犬と人間との「絆」を作るための基本であり、警戒心が強く、吠えたり咬みついたりする犬の場合は、とくに重要な「トレーニング」だ。犬は、群れで歩いて行動する。だからリードを持つ人間が、犬と一緒に歩きながら、でもただ歩くだけはなく、人間がリーダーシップを取って導き、犬自身が、「この人についていけば安心なんだ」と心の穏やかな状態を持てるようにする必要がある。この関係性を築くことができないと、犬は警戒心が強いまま、「自分でなんとかしないと！」と思い、鼻を使うために身をかがめ、音を聞くために耳を立て、犬が何か感じる方向にグイグイ引っ張る（これが「引っ張り」の正体だ）。怖いと思えば吠えたり、身の危険を感じれば咬みついたりすることもある。

僕たちの周りには、いい絵を撮ろうと、かなり近い距離でたくさんのカメラがついてきた。ドーベルマンは初めての世界に喜び、興奮している。僕は、自分の焦りがドーベルマンに伝わらないようにした。

しかしすぐに、僕はドーベルマンの姿を見て安堵した。興奮はしているものの、報道陣に対して怖いと思ったり、身の危険を感じたりすることもなく、僕の横を離れずに歩いていたからだ。普段立っている耳が後ろに垂れ、安心しきった様子も見せていた。

直感的に思った――この犬《コ》は助かったんだ！

「これで大丈夫。良かったなあ、お前」

僕は思わずその犬《コ》を抱きしめていた。涙もあふれ出て、なんともいえない安堵感に包まれていた。これでまた、一つの生命が救えたのだ。

## 「殺処分ゼロ」の実現、そしてその先へ

それから、僕とドーベルマンの追跡取材は続いた。動物愛護の気運が高まっていたこともあり、ある種のヒーロー、動物愛護のカリスマのように扱われることもあった。

ドーベルマンには、「光り輝く未来が訪れますように」という願いを込め〈ヒカル〉と名づけた。僕は、ここで保護した犬に対して、前の飼い主との環境がよかった場合はそのままの名前を使い、飼育放棄をされるなど、いい想い出がないと感じた場合は名前を変えることにしている。ヒカルは、「ドリームボックス」で苦しみながら窒息死させられるという真っ暗な未来に打ち勝ち、明るい未来が約束されたのだと僕には思えた。

実際、ドーベルマンらしく、教えることをどんどんと吸収し、僕の指示に忠実に従うことができるようになり、十メートルの長いリードを使って、「待て！」と言っても、「ヨシッ！」と言うまで待つこともできた。それが取材に来ていたアナウンサーでもできる様子

がメディアに紹介され、よりいっそう、動物愛護、そして「殺処分ゼロ」の動きが加速した。

実は同じ時期に、他の地域で、同じように大型犬が人を咬んだ事件があり、その犬は殺処分されてしまうということがあった。名古屋の方は殺処分にならず、咬みついたことがウソのように「生まれ変わった」とほうぼうで紹介され、僕も取材には積極的に応じてそのことをアピールした。人を咬んで殺されるはずだったヒカルが、他の犬たちが殺処分されないようになる、明るい未来を照らす希望の光になってくれると期待し、確信していた。調子に乗った僕は、いろんな人に「ドキュメンタリーだよ」とも言っていた。センターから癌だらけの雪《ユキ》を引き出したときのように前例をつくれば、後に従う流れができる。それは「殺処分ゼロ」でも同じことだと思った。

実際、名古屋市では、僕のことを応援してくれている市議会議員さんの発議もあり、「犬の殺処分ゼロ」について本腰をあげて取り組むことになった。そしてそれは、すぐに結果として表れた。僕がヒカルを保護したその年、二〇一六年に、名古屋市は初めて、「犬の殺処分ゼロ」を実現したのだ！　「ふるさと納税」が始まり、そこで得たお金を使い、愛護センターの収容能力を増やすことができたことも大きい。センターで長期間保護できれば、殺処分することはなくなるからだ。

その後、二〇一七年、二〇一八年と、名古屋市での「犬の殺処分ゼロ」は続いた。殺処分機であるドリームボックスを撤去することも決まった。行政が本気で動けば、殺処分はなくせることを証明したのだ。もちろんそれは、譲渡ボランティアによるところも大きかったことだろうが、市民の意識がさらに動物愛護に傾き、捨てる人が少なくなり、里親になりたい人が増えたことも大きい。そしてそれが愛護センターをも動かした。これは、他の地域でもできることだと僕は思う。

とはいえ、全国ではまだまだ殺処分は続いており、救うべき生命もまだある。名古屋市でも猫の殺処分はまだ行われている（薬品による安楽死になった）。それでも、「殺処分をしない」という目標ができて、それが実現できるのだと思えるようになったことは大きな進歩だった。猫は犬と異なり交尾すると百パーセント妊娠するその生態ゆえに、犬ほど実現が簡単ではないかもしれないが、それでも、実現不可能なことはないと僕は思う。

それは、ヒカルが証明してくれているからだ。

話を戻そう。僕は、ヒカルのトレーニングをしていくうちに、ヒカルが非常に賢い犬であることに気づいた。だから僕は、ヒカルに対し、競技会でチャンピオン犬になることができる素質があると思った。警察を咬んだ犬が警察犬の競技会で優勝する――そうすることで、動物愛護への意識がさらに高まることが容易に想像できたし、それは同時に、「殺処分ゼロ」実現の象徴にもなると思った。人を咬んだ大きなドーベルマンが、生まれ変わった姿を見せることで、「犬が悪いのではなく、人間が悪いんだ」ということを見せるのに最適だったというのもある。

僕たちが保護する犬たちは、人間から「ダメな子」と烙印を押された犬が多いが、実際は、飼い主の接し方が悪かったり、十分な運動をさせていなかったりということも多い。ヒカルはその典型で、たしかに愛情はかけられていたが、飼い主が高齢ということもあって散歩に出たこともなかったので、臆病な犬になるのは当然だった。人間だって、慣れない環境に来たら誰だって緊張するのと同じだ。犬は、遺伝的要素もあるとはいえ、小さな頃から外の環境に慣れておかないと、心が穏やかにはならず、ささいなことでも怖がる臆病な犬になってしまう。ずっとサークルに閉じ込めるのではなく、外に出て、いろんな匂いを嗅がせたり、いろんなものを見たり体験させたりしていないといけないのだ。これはドーベルマンだけでなく、チワワだろうとなんだろうと一緒だ。ペットショップでは、小型犬だからといって「散歩はいらない犬種です」と売る販売員もいるが、ドッグトレーナーから言わせてもらえば、トンデモない話だ。実際、散歩もしたことがない子ほど、いわゆる人間の言う「問題行動」を起こす。

人間でも同じじゃないか？　社会経験をつまず、ネットやゲームばっかりして、働きに出ても仕事が続かないなんて当たり前じゃないか。犬だろうと人間だろうと、社会的動物は、社会とつながり、多くの経験を通じてこそ成長していけるのだ。僕だってそうだった。だから僕は、メディアの力を利用して、そういったことを伝えようとしていた。犬を良くするのも悪くするのも、すべて人間なんだ、と。それがヒカルの役割であり、だからこそ競技会をめざした。

ちょうどその頃、地元のテレビ局が、ドーベルマンを救い出した僕のドキュメンタリーを撮りたいということで、密着取材が始まった。

〈DOG DUCA〉は、愛護団体には珍しく、メディアに積極的に出る。メディアは問わない。僕が発信することが大事だと思っているからというのも大きい。元来僕は、お調子者で目立ちたがり屋ということもあり、メディアに出るのが苦手じゃない、というか好きなのもある。

本来、動物愛護団体は、表に出ないことが多い。それは、表に出ると、すぐ、「保護してほしい」と言ってくる人が増えるからだ。それは、メディアの規模に応じて影響が大きくなり、規模が大きくなればなるほど、そういう、「マイナスの影響」も出やすい。ここもご多分に漏れず、メディアに出た後は、飼育放棄の相談が一気に増え、保護犬も増える。

ヒカルのときは、その内容から、同じように「咬みつく」犬の保護が一気に増えた。そんなこともあるから、取材に応じない愛護団体も多い。とくに規模が個人レベルであればなおさらそう。同業者から「よくやるね」と言われることなんてしょっちゅうだ。ただ、ここでは、〈わんわん保育園〉や〈トリミングサロン〉をやっており、倉庫物件を使ったそれなりに規模がある施設で、支援者さんたちからの寄付のほか、〈保育園〉や〈トリミング〉の売り上げを寄付する形でNPOの運営ができている。だから、メディアで有名になって、ある程度保護犬が増えても対応ができる体制があるのも大きい（望んでいることではないが）。もちろん、僕はあくまでも、「人と犬のより良い共存」を活動理念《ミッション》においているので、ひたすら犬を保護して、犬にとって劣悪な環境を作ることはしたくない。実際に、とにかく保護ばかりをし続けて、ほとんど虐待に近いような環境で暮らしている犬猫シェルターも最近は出てきて、大きな問題となっている。もちろんそれは、その団体だけの問題ではないのだけれど、理想と現実のバランスが求められるのは必然だ。僕たちはいつも、そのことで悩んでいる。もっと広ければ、もっとお金があれば、もっと人手があれば、もっと多くの生命を救えるのに、と。

　だから、いくら動物愛護の気運が高まったとはいえ、今のままではいけない。

　そのためにも、ヒカルのような犬がいることを、動物を飼っていない多くの人に知ってもらい、注目を浴びる必要があった。そうして、一般の人の動物愛護の意識を高めることこそが、僕にできるこの問題の解決法だと思った。そのためには、とにかく注目を浴びる必要があるとしか考えていなかった。

そしてそれが、ヒカルを追い込むことになるとは、僕は夢にも思わなかった。

それくらい、ヒカルの未来に、僕は夢中になっていた。

## ヒカル、里親のもとへ

ドーベルマンのヒカルは、普段から〈わんわん保育園〉の手伝いをしてくれている方が里親になってくれるというので、里子に出すことに決めた。家も近くで、ヒカルが凶暴な犬ではなく、あの事件も「じゃれて咬みついているだけ」とテレビ取材で語ってくれるような人だ。これなら大丈夫。ガレージを改装してヒカルの部屋にしてもらい、日中と夜は里親さんの所で過ごし、朝と夜の散歩は、僕がすることにした。

メディアも僕たちを追っかけ、「人を咬んだドーベルマンは殺処分にされず、幸せになりました」と伝えた。僕も、里親さんのガレージにいるヒカルを見せながら、近所の人に「人を咬んだドーベルマンなんだよ」と、生まれ変わった姿をアピールしたりしてもいた。

実は、ヒカルの譲渡を考えたのはそれが最初ではない。経済的にゆとりがある人たちが暮らす地域の、ある会社の社長さんが数頭のドーベルマンを飼っていて、ニュースを見て「里親になりたい」と申し出てきてくれたことがあった。広い庭と、ドーベルマンへの理解がある里親さんなら、と思いヒカルを連れて行ったのだが、そこにいたのは、いかにも「警備犬」という、本来の犬種としての役割をまっとうしている雰囲気の、力強いドーベルマンたちだった。それを見て、ヒカルは萎縮してしまった。それまでヒカルが暮らしていたのは、散歩に連れて行くこともできないほど高齢の飼い主の家での穏やかな環境だった。しかしここは、いかにも競争社会に自力で打ち勝ってきた成功者の家であり、そこに暮らすドーベルマンたちも、厳正なる序列があり、人一倍臆病なヒカルがすぐに最下層に入れられ、ビクビクしながら暮らすのが容易に想像できた。だから僕は、その方の善意に感謝しつつお断りを入れさせてもらい、ヒカルを連れて帰って来た。

体は立派なドーベルマンだが、心はチワワのように臆病なヒカルには、もっと穏やかな環境じゃないと難しい。

だから僕は、近所に住む、僕たちのことを知っている方がヒカルの里親さんになってくれてホッとした。近くにいれば、僕も安心できるし、引き続きトレーニングができる。ヒカルもなついていたので、何も問題ないと思えた。

僕たちはここで、愛護センターから保護した犬や、直接飼育放棄で連れて来られた犬をトレーニングして、社会性を身につけさせてから里親さんに譲渡する活動を行っているのだが、犬はロボットではなく生き物だ。だから、トレーニングが「入った」からと言って、その後なにもしなくてもいいかというと、そんなことはない。とくに、「問題行動」があるとして捨てられた犬であれば基本的には成犬であり、トレーニングが入りにくい犬が多い。また、トレーニングが「入った」状態の犬でも、飼い主さんがひたすら甘やかして台無しにしてしまうこともあるため、定期的にここに通ってもらいながら、継続的なトレーニングをすることもある。ヒカルも、体重が五十キロもあるドーベルマンだから、たんなる「じゃれ合い」ですら相手をケガさせる。だから、継続的なトレーニングをしていく必要もあった。だから、近くにいられることは僕の安心材料になった。僕の活動をよく知ってくれていた人だったのも大きい。僕は引き続き「競技会」向けのトレーニングをすることもできた。

でも、その生活は長くは続かなかった。

僕は最初、ヒカルが短い期間で指示に従う姿を見て、「この犬《コ》ならいける！」と直感した。それからは、メディアを通じ、テレビのアナウンサーさんの指示にも従うところを見てもらったり、里親さんのもとで幸せになった姿を見てもらったりすることで、「この犬《コ》は悪くない」という姿をアピールした。ちょうどその頃、かつてここで働いていた腕のある女性トレーナーにも来てもらっていたので、ヒカルと一緒に競技会に出てもらって、華々しく取り上げられることも期待していた。それが、密着ドキュメンタリーのクライマックスにもふさわしいと。人を咬んだけど「殺処分」を免れたヒカルが人の役に立つ、お涙頂戴物のドキュメント。演出者は僕。僕は自分のお調子者の一面が出ていたことに、気づけなかった。

メディアでヒカルのことを取り上げてもらってから半年以上経ったある日、事件は起きた。

僕のちょっとした油断で、ヒカルが、ドキュメンタリー取材中のカメラマンに咬みついたのだ。テレビカメラのレンズが、ヒカルの視線の高さに急に来たことで、カメラを怖がってしまったようだった。長いリードを使ったトレーニング中、下が砂地で、僕の足の踏ん張りがきかずヒカルを制止できなかったのも失態だった。思わず、「ヤバい！」という言葉が出た。十六針を縫うケガ。それでもヒカルを見続けていたカメラマンは、そのまま取材を続けることにしてくれたのが幸いだった。犬が悪いわけではない、という僕の気持ちを理解してくれていたからだろうと思う。

実はこの事件が起こる数か月前から、ヒカルのトレーニングをしつつも、女性トレーナーとともに、「競技会は難しい」という意見で一致していた。問題はヒカルの性格だ。賢い犬だが、臆病すぎる性格で、オヤツをもらった人になでてもらうことはできるのに、なにかの拍子で「怖い！」と感じるとすぐスイッチが入って咬みつこうとしてしまう癖がなかなか抜けなかったからだ。競技会はたくさんの観覧者がいる。そこでヒカルが興奮してしまい、誰かに咬みつくことがあっては本末転倒だ。だから僕たちは、静かなところで穏やかに暮らしていれば何も問題のない犬だから、このまま競技会には出さないで終わらせた方がいいと思うようになっていた。

しかし、あれだけ大々的に「殺処分を免れたドーベルマンが競技会に出る！」と世間に出て、また僕も自分で糸を引いてきただけに、僕を追うドキュメンタリーの「落としどころ」をどうするか、僕は悩んでいた。続けることに意味があるのかどうか――。

そんな僕の迷いをヒカルは感じていたのか、再び、事件は起きた。

今度は、飼い主さんがヒカルを散歩に連れ出したときに、通行人を咬んだのだ。

それを聞いてまず驚いたのが、散歩は僕がする約束になっていたのに守られなかったこと。でも、それ以上に驚いたのが、飼い主さんが、お酒を飲んで酔った状態でヒカルを連れ出したことだ。

　これまでにも言ってきたことだが、犬は、祖先であるとされるオオカミと同じく、本来は群れで生きる動物である。群れにはリーダーがおり、リーダーの指示で動く。犬と飼い主をつなぐ引き綱のことを「リード」と言うが、「リーダー」というのは、リードを引くから「リーダー」なのだ。犬をリードで正しく導く歩き方を、「リーダーウォーク」というが、それだけ、リーダーの役割が欠かせない。

　とくに、ドーベルマンなどの命令に忠実な犬の場合は、よりハッキリとした強いリーダーシップが必要になる。犬は元来、強いリーダーに従う性質を持つ。だけど、そのリーダーが酒に酔った状態で、リードを持ち、犬にとって不安が残る街に出て、見知らぬ人が接近してきたら？　ましてヒカルは普通のドーベルマンより臆病な性格だ。

　だから僕は里親さんに、「散歩は僕が行くから、絶対外に連れ出さないでね！」と言っていた。でも、世の中に絶対なんてない。完全に盲点だった。でも、本来なら防げたことだった。

　咬まれた人とは示談になった。「殺処分は絶対ダメだ！」と言っていただけたのが救いだった。

　しかし、ヒカルのことはそれで終わらなかった。

## 僕が抱えていたジレンマ

〈わんわん保育園〉を始めたのは、二〇〇九年に愛護センターから雪を引き出す三年前の二〇〇六年で、ＮＰＯを始めたのは譲渡ボランティア制度が始まった二〇一〇年だ。僕はそれ以前にも祭をはじめたくさんの犬を保護してきたが、〈わんわん保育園〉からのお客さんのなかには、あくまでも、商売として「犬の仕事」をしているかたわら、片手間に、捨てられた犬などの「不幸な犬」を保護しているだけ、と映っていた人もいたかもしれない。

実際、〈わんわん保育園〉は、ペットブームの波に乗り、たくさんの人がやってくるようになった。最初にオープンした場所は家賃三万円の木造平屋３Ｋという古い借家だったのが、近くにあった倉庫物件の二階部分、そして今は建物全部と、その規模は拡大していった。さくらアパートメント時代には、「しつけ相談」や「トリミング」、「ペットグッズ販売」などがメインだったが、今や、〈わんわん保育園〉そのものが目的で通う人の方が多くなった。また当時は、犬の保育園というのが珍しく、メディアも注目していたし、僕もお祭りごとが好きだったし楽しかったから、認知を高めてもらうため「保育園らしい」企画をいろいろ考え、近所の公園を使って犬の「運動会」をやったり、バスを借りてドッグランのあるところにバーベキューしに遠出する「遠足」も毎年したりしていた。毎回五、六十人の参加があった。

そうしているうちに、〈わんわん保育園〉に自分の犬を通わせている一部の飼い主さんたちが集まって、「保護者の会」みたいなものができ、イベントの手伝いをしてくれるようになった。利用者さんの子どもたちを呼んでやったクリスマス会では、保護者の人たちと、もともと料理人だった僕で料理の準備をしたりもした。当時はまさにアットホームな雰囲気で、家族ぐるみの付き合いもあった。当時の〈わんわん保育園〉は、愛犬家たちが集まる「楽しい楽しい犬の保育園」というイメージだったと思う。

しかし、愛護センターからの保護ができるようになり、ＮＰＯを立ち上げて保護活動が本格化しだすと、イベントは少しずつ減っていくことになった。僕自身は、子どもたちのためのクリスマス会などはあってもいいが、犬の運動会などのイベント行事に対して、そこまで気持ちが乗らなくなっていたのもあった。というのも、ＮＰＯを立ち上げた当時、愛護センターには明日「殺処分」されるかもしれない犬もいたし、ＮＰＯとしてメディアにも出たことで、直接ここに連れ込まれる犬も増えていき、僕の心境にも変化が生まれたからだ。

僕が愛護センターから引き出すようになる以前に保護した犬たちは、「飼い主が亡くなった」とか「捨てられていた」とか、身寄りのない不幸な犬が多かった。犬好きな人が、そういう情報を教えてくれて、保護しに行っていたのだ。しかし、ＮＰＯを始めてからは、愛護センターに捨てて行かれたり、ここに直接連れて来られたりで、飼い主に飼育拒否をされた犬を保護することが圧倒的に増えた。今もそうだが、ここでは飼育拒否などの相談は建物の入口の横の面談スペースでやっていて、壁がついたてのようになってはいるが扉はなく、受付で〈わんわん保育園〉や〈トリミングサロン〉の利用者がスタッフと談笑をする声も聞こえた。だから面談で、犬をサークルに入れると「吠えて騒ぐ」から「もう飼っていけない」と話す飼い主と向き合う一方で、僕の耳には、迎えに来た飼い主さんを見てワンワンと「吠えて騒ぐ」犬に対し、「楽しかったの、良かったねえ」とか「キレイになったねえ」と優しく声をかける飼い主さんの声も聞こえた。

トレーナーの僕からすると、この二組の犬は、どちらも同じ「飼い主さんのところに行きたい」という理由で吠えていたわけだが、飼い主が違うだけで、犬の運命がこうも違うのかということを、まざまざと感じさせられることが多くなった。

この一つの空間で作られる、あまりにも大きなギャップは、次第に、僕の気持ちに変化をもたらした。「飼い主教育」をもっとすべきだと思うと同時に、僕自身が無邪気に楽しんで、すでに幸せに暮らしている犬《コ》たちがもっと幸せになるためのイベントをやるよりも、飼い主に恵まれなかった保護の犬《コ》たちのことに、一生懸命にならなければと思ったのだ。また、イベントをするとなると、普段フリーにさせている保護犬たちを一日じゅうケージに入れておかなければならないので、それも忍びないと思った。保育園を始めた頃はまだ若かった保護犬たちも高齢になったり、病気の犬や、咬みつきグセが直らない犬を保護したりもしたので、この犬《コ》たちの気持ちを考えると、置いていくのがかわいそうだった。

そうなると次第に、僕のイベントへの熱は下がっていき、その結果、運動会などは自然消滅していった。僕はそのことを、気にもとめなかった。僕には、「保護」という、やらなければいけない仕事が目の前にあったからだ。

そのころの変化としてもうひとつ。

この場所に来て、〈わんわん保育園〉として、たくさんの犬を預かることになった。犬は雨が降っていなければ必ず散歩させる。犬が散歩すれば当然、ウンチやオシッコもする。だから僕たちは、近隣には最大限の配慮をして、犬の散歩中に、自分たちと関係のない犬のウンチまで拾っていた。通学路に不審者が出るということだったので、犬の散歩コースを通学路に合わせ、パトロールを兼ねるようにもした。ただの「しつけ」や「トリミング」だけの場所であったらそこまでする必要はなかったかもしれないが、ただでさえ何頭も犬が集まり、吠えたりして近隣に迷惑をかけるのだから、積極的に地域と関わっていくことにした。そんな地域のための活動が認められ、ちょうど娘が小学校に入学すると同時に、

ＰＴＡ会長に推挙されることにもなった。僕はこの通りいい加減にやるのが嫌いなので、ドンドン発言したり、いろんな取り組みに参加していったりした。

学校だけでなく、地域の活動にも積極的に参加するようになった。それは〈わんわん保育園〉のためだけではなく、僕自身が子どもを持つ一人の親として、地域のことを真剣に考えるようになったのもある。飲食業をしていたときの僕は、そういったものと一切無縁で、子育てもすべて当時の妻まかせだった。でも、デュッカと出逢い、いろんな人たちに助けられながらここまで来たことで、僕自身が、自分だけのことじゃなく、周りの人たちのことも考えるようになったというのも大きい。だから、自分の子どものためでもあるが、地域の子どもたちのためのイベントなど、いろんな企画を立ち上げた。そういったこともあって、他の地域の方からも注目されるようになり、別の地域の駅前活性化事業に協力してほしいと声をかけられ、トリミングサロンと犬のグッズ販売でテナント出店もした。調子に乗りやすい僕だから、純粋に求められたことも嬉しかった。

この頃の僕は、とにかく、あれやこれやと大忙しだった。でも僕はマグロと同じで動き続けていないと気が済まない人間だから、それが問題とも思えなかった。

「なんとか殺処分をゼロに！」それが現実として見えてきたからこそ、なおさら僕は、その目標に向けてひた走った。飼い主が違っただけで不幸になった犬たちのために。

## すれちがい

その頃の僕は「保護の人」として世間に認知されていたし、僕自身も、「人と犬のより良い共存」のためにと、ヒカルのことをはじめ、保護活動に力を入れていた。しかし、僕の周りの人たちのなかには、それを心の底では快く思っていなかった人もいたようだ。

ヒカルが里親さんと散歩していたときに通行人を咬んだ事件から数日後、僕と妻は、とにかく話があるとのことで、保育園の保護者の会の一部の人たちに呼び出された。

その会合でまず語られたのは、会のうちの一人と僕との間に起きていた、ちょっとしたトラブルについてだった。端的に言うと、僕がよかれと思ってしたことが、向こうからすると「話が違う」という、「言った、言わない」が原因のトラブルだった。僕はこれまで、会の人たちとは、保育園も手伝ってくれているし、保護のことも「応援する」と言ってくれていたので、気持ちが通じ合っている関係と思っていたから、「書面に残す」ということをしてこなかった。しかし結果として、書面に残していないから、その人とモメることになってしまった。実は前々からこの件で、会の他の人から「最初に書面に残すべきだ」と指摘されていたが、僕がしなかったのも良くなかった。僕は昔、詐欺にあってすべてをなくした経験があるのに……。

話は他の一部の人を巻き込んで、いつの間にか僕の活動そのものに話がそれていった。「あれだけ手伝ってきてあげたのに、運動会などの行事がなくなった」と文句を言われたし、その原因は保護活動で、僕が〈わんわん保育園〉を後回しにしていることにあるとすら言われた。いちばん驚いたのは、「自分たちには保護犬なんてどうでもいい」と言う人が何人かいたことだ。

これには、僕も妻も面食らった。

僕たち夫婦はこれまで、「不幸な犬を幸せにしてあげたい！」「小さな生命を救いたい！」という僕たちの「想い」について理解してくれる人たちみんなに支えられて、保護活動を続けてきたと思っていた。

ところが実際は、そうじゃないと言う人もいたのだ。

でも、僕たちからすれば、「保護犬がどうでもいい」なんて、思えやしない。

保護犬は、何も問題のない子犬ということもあるが、みんながみんな、里親のもとに譲渡されるわけではない。譲渡先が見つからない、目が見えないなど障害を抱えた犬、高齢の犬、病気持ちの犬も多い。そしてそれは、一生面倒見るということであり、お金と手間ばかりかかる。高齢犬なら、人間の寝たきり介護と同じようになることもある。かといって、犬には人間のように国が補助金を払ってくれるわけじゃない。あくまでも、愛護団体の持ち出しか、それを支援する人たちの寄付があってはじめて続けていける活動だ。僕たちは、なんとかお金をやりくりしながら、保護したものの譲渡先が見つからない、病気の犬、高齢の犬、どうしても咬む癖が取り切れない犬を終生面倒見ることにしていた。保護犬が亡くなったときは、すべて葬儀に出した。ちゃんと生きた証として残す、僕たちにできる最後の仕事だった。

また、保護犬たちと、〈わんわん保育園〉に通う犬たちが接することで、どちらも社会性を身につけさせられる大事な機会と僕は捉えていた。だが、その人たちに言わせると、「保護犬のことにかまけているから保育園がおろそかになっている」「保護犬がいるから、保育園が狭くなっている」というようなことだった。

僕たちは、どうしてもそれだけは譲れなかった。

「人と犬のより良い共存」のため、僕たちは毎日働いた。〈わんわん保育園〉は日曜だけは休みだが、トリミングサロンは営業するし、保護犬たちのゴハンをあげたり散歩をしたり、トリミングをしたり、いろいろすることがあった。病気がある犬には薬もあげなければいけないし、寝たきりの犬は床ずれを防ぐ必要もあった。保護した犬が妊娠していて、出産をして、未熟児の場合はミルクをあげたりもした。そのせいで、休日なのに、普通の家庭のように、娘たちをどこかに連れて行くこともできなかった。ただこれは、僕たち夫婦が選んだ道だから後悔はしていない。娘たちには申し訳ない気持ちが強いが、幸い、僕たちの親や、子どものいない支援者さんが娘たちをいろんなところに連れて行ってくれたりもしていた。

しかし、ここで保護した犬《コ》たちには、僕たちしかいないのだ。

だから、「どうでもいい」なんて、思えるはずがない。

でも、これが現実だった。愛犬という「我が子」以外のことは、どうでもいいとする人もいる——保護はいいことだ、動物愛護は大事だと言いながらも、目の前にいる、本当に不幸な犬に関心はない。こういう考えも当たり前のことかもしれないけれど、それでも、僕の身近にいて、不幸な犬を実際に見て、僕たちのことを応援してくれていると思っていた人から言われたことが、悲しくて、悔しかった。

僕がこれまでやってきたことは無意味だったのか？———と。

## 「生命を救う」ということ

会合には、ヒカルの里親さんもいて、話は、ヒカルのことにも及んだ。

里親さんの言い分によると、ＧＰＳで活動を管理していたが、散歩が理想とされる量より少ないと思っていて、かわいそうだから連れ出したのだと。たしかに僕は、他の保護犬たちの散歩をしたり、地域の活動に参加することに時間をとられたりすることもあり、十分な時間をとっていたとは言いがたい事実もある。ただ、僕は常々言っていることだが、人間でも人によっては運動が大好きな人もいれば、そうでない人もいるように、体格に見合う筋肉の維持をするための運動は必要だとしても、本やネットに書かれた「理想」を当てはめるのではなく、犬自身が「どれだけ満足できたか」を考えてあげることが大事だ。だから、質より量が問題にされるとは、少なくとも僕は考えていなかった。実際、ヒカル自身の性格的にも育った環境的にも、僕との散歩でフラストレーションをためることなく、十分に発散ができていた。発散が足りなければ暴れたり吠えたりするが、散歩から帰れば大人しく寝ていたことからもわかる。

でも、里親となってくれた人からすると、犬なのに運動できないのはかわいそうだ、と思ったようだったし、そもそも僕は信用されていなかったのだろう。それは、ＧＰＳをつけられていた時点で気づくべきだった。

ほかにもいろいろと言われた。一方的に言われた。僕の方にも言い分はあったが、僕に責任があることは重々感じていたので、妻とともに黙って受け入れた。

その夜、ヒカルは僕のところに戻って来た。

里親のところに行ってわずか三か月後のことだった。「危険性があるんだから、当たり前だろ?」と言われた。もう、何を言われても驚かなかった。

人間の都合で捨てられる犬たちを保護してきた僕たちの活動を見てきて、「想い」を理解してくれている人なら、「それでも面倒見る」と言ってほしかったが、そんなことを期待できる気もしなかったし、なにより、そんなことを言える立場でもなかった。

「犬は悪くない! 悪いのは人間なんだ!」と言い続けてきた僕が、ヒカルを悪者にしてしまったのだ。その原因はまぎれもなく僕だった。すべては僕の責任なのだ。

ヒカルが戻ってきた翌日、すぐに愛護センターの担当者が来た。ヒカルが悪く思われてもいけないから、ヒカルが咬んだことを伝えていないこともあって、いろいろと問題を指摘された。

「きちんとした里親さんということだったはずですが、こんなことになるなんて……」

「まさか酒を飲んで散歩するなんて思わないじゃないですか!?」

でもその言葉は空虚だった。里親のところで生活するけど、散歩は僕がするという、二重の所有権も問題だったと指摘され、「二度と咬傷事件を起こさない対策を講じること」を条件に、センターに収容されることなく、殺処分も免れた。なんとか、納得してもらったのだ。

しかし、ヒカルがもう誰にも譲渡できないのは明らかだった。

僕は、ここでヒカルを一生面倒見ることに決めた。それ以来、僕の置かれている環境は変わった。メディアも、ドキュメンタリー班をのぞけば、まったく来なくなった。

僕が、ドーベルマンのヒカルや、まだ救われぬ多くの、身寄りのない保護犬たちの生命を救おうと思っていただけだったことが、僕自身の甘さも手伝って、結果的にこれだけのことになってしまった。

でも、これはすべて、僕が「テレビ向け」に譲渡を急ぎ、「競技会」という、ヒカルにとって高い目標を追わせてしまったことが原因だった。いくら「お座り」や「お手」や、リーダーウォークが完璧であっても、冷静に考えれば、臆病で咬みつく癖のある犬をすぐに譲渡するなんてできるワケがなかったのだ。カメラマンを咬んだときも、撮影前はカメラマンからオヤツをもらったり、なでてもらったりしていたので安心しきっていたが、本能が抜け切らないヒカルの目線に、急にカメラが入って来たら驚いて、咬みつきのスイッチが入るのも当然だった。これまでも咬みつく癖が抜けない犬を多数保護してきたが、不安がある状態で譲渡したことは一度もなかった。それなのに、「動物愛護」「殺処分ゼロ」の旗印として、テレビ向けに事を急いだ僕が、ヒカルを悪者にしてしまったのだ。「いいことをしている！」という想いもあったのかもしれない。良いように良いように考えていた結果、良くないことが起きた。

後日、一連のことをまとめたドキュメンタリーが放映された。タイトルは「悪い犬」。僕も「なんで？」と思い、愛犬家たちにも物議を醸したが、観てわかった。

「悪い犬」として見ているのは、人間なのだ。

そして、「悪い犬」にするのも、人間なのだ。

僕はそのことに気づかせてくれたドキュメンタリー班に、電話でお礼を告げた。僕は、失敗しないとわからない。いつもそうだ。

そんなことがあったが、みんな離れていった飲食業での失敗のときとは違っていた。

今の妻と娘、スタッフたちは僕によくついてきてくれたし、保護者の会自体はなくなったものの、そのうちの数名は、ただ保護犬のためにと支援を続けてくれたり、保育園の手伝いを変わらず続けてくれたりしている。ほかにも、小さな生命を大切にし、僕がめざす「人と犬のより良い共存」、そして保護活動をする「想い」に共感し、活動そのものを応援してくれる人たちの支援は続いた。悪夢のような会合の後、よくお世話になっているアニマルコミュニケーターの荒木さんに、「これからは本当の支援者が現れるから」と励ましてもらったが、本当にそうだった。お互いに「してやった」という利害関係ではない、「想い」でつながる関係——今思えば飲食で失敗したときの僕に決定的に足りないものはそれだったのかもしれない。だから誰もついてこなかった。あのとき、「淋しい」と感じた状況をつくったのは、まぎれもなく、「してやった」感でいっぱいの、僕自身だった。でも、今の僕には、妻をはじめ、僕の「想い」を理解し、応援してくれる人がたくさんいる。

このことが逆に、僕は、この仕事をしてきて本当によかったと思わせてくれた。支えてくれる人たちがいるから、生命を救う活動を続けていける。

今、ヒカルは、専用の部屋で穏やかに暮らしている。ここなら、好奇の目にさらされることもないし、臆病なヒカルの警戒心が高まることもない。天気の悪い日は二階にある屋内ドッグランで、天気のよい日は誰もいない広い河川敷に連れて行って、長いリードをつけて思いっきり僕と遊ぶ。山里で育ったヒカルには、その方が幸せなのだろう。鋭いキバを持ち、五十キロもある体格に似合わず、とても臆病なヒカル。よく食べてよく遊ぶヒカル。そんな犬だから、純粋にスポーツを楽しみたいだけなのに、世間から注目されるプレッシャーを与え、コーチからひたすら「オリンピックをめざせ」とハッパをかけられる、みたいなことは、合うはずなかったのだ。

僕の指導方法が間違っていた。ごめん、ヒカル。

僕は、僕のもとで修業するトレーナーに対していつも、「犬の気持ちを考えろ」と言っていたが、僕がいちばんヒカルの気持ちを考えていなかった。「犬は悪くない、人間が悪いんだ！」と常々言っていたけれど、このときほど、犬の気持ちを考えることの重要性、そして、ひとつの生命を救うことの大変さを痛感したことはない。

そして僕は「人と犬のより良い共存」のためにも、まだまだ学ぶべきことはたくさんあり、人としてまだまだ成長する必要も感じた。そしてそれは、僕がこの仕事を続けていく理由にもなった。まだやらなければいけないことはある。なぜなら、僕を必要としている人たち、犬たちがまだまだたくさんいるからだ。

今日も電話が鳴る。

「犬が言うことを聞かなくて困っているんですけど……」

僕は自戒を込めて、そして犬の代弁者として語る。

「犬の気持ちを考えてあげてください。飼い主の気持ちを押しつけていませんか？」

失敗ばかりしている僕は、「カリスマ」でもなんでもない。

僕は「犬に育てられたドッグトレーナー」なのだ。

# 第五章　僕の師、デュッカ

ヒカルが来る少し前の、二〇一三年八月二日。僕の愛犬デュッカは永眠した。

僕をこの世界に導き、〈ＤＯＧ《ドッグ》　ＤＵＣＡ《デュッカ》〉〈わんわん保育園ＤＵＣＡ〉〈トリミングサロンＤＵＣＡ〉という僕の居場所を作ってくれたデュッカ。

僕は、人生であれほど泣いたことはない。

それほど、デュッカの存在は、僕にとって大きなものだった。

## デュッカと共に歩んだ日々

僕がデュッカと暮らし始めた頃は、まだまだ生活にゆとりなんてなかった。

働いてお金を作って、借金を返済していく、貯蓄なんてできない生活。ひどいときは、ポケットに全財産の百円玉しか入っていないこともあった。

そんな僕に娯楽なんかなく、すべてがデュッカとの時間だった。

とはいえ、借金があって普通の人以上に働かないといけないから、今みたいに常に犬たちといられる生活をしていたわけじゃない。早朝から市場で働き、デュッカは車の運転席で丸まっておとなしく待っていた。市場の仕事が終わり、ドアを開けるとデュッカは飛びついてきて、僕の顔をペロペロとなめる。僕も、デュッカの体温が残るシートに座り、デュッカを抱きしめる。手も体も冷たくなる仕事だが、デュッカといるとあったかい気持ちになった。家に帰って弁当の仕込みをして、再び車にデュッカを乗せてオフィス街に行き、自分の作った弁当を売る。料理人だったこともあるから味には自信があったが、さすがに寒い時期は売り上げが落ちるもの。そんなとき、看板犬のデュッカのありがたみを感じる。デュッカは人なつっこい性格で、誰にでもなつくから、雪がちらつきそうな寒さの日でも、わざわざ店先で座っているデュッカに会いに来るお客さんもいたほどだ。おかげで、常に完売。小さな商売だったが、それでも順調なことはよかった。

その後につかの間の休憩時間。デュッカを連れて鶴舞《つるま》公園を散歩した。そして夜にはホテルでバイト。もちろん、デュッカは車のシートで留守番だ。

今思えば、あのときはたしかに借金を返済するために死に物狂いで働いていたが、不幸ではなかった。僕のそばにはいつもデュッカがいて、働いても、働いても借金が少しずつしか減っていかないことで、さすがの僕も気持ちがしょげかえることがあったが、そんなときは決まってデュッカが近づいてきて、優しくペロペロと顔をなめてくれた。デュッカとは言葉こそ通じなかったが、「想い」は通じるんだと感じていた。僕は、デュッカに、本当の愛情というものを教えてもらっていたのかもしれない。

デュッカが来てから、僕の生活は、誰かのための生活になった。人間に飼われている犬は、人間が食べ物をあげないとゴハンを食べられない。その支度はもちろんだが、ドッグフード代などのお金も稼がねばならなかった。そのぶん仕事を増やしたが、それを大変だとも思わなかった。シッポを振りながら嬉しそうに食べる姿を見るのが幸せだったからだ。だから僕には、ゴハンを与えない飼い主の気持ちがわからない。そもそもそんな人に、犬を飼う資格なんてない。でも、その頃の僕はそんな難しいことを考えず、ただただ、デュッカを愛しい存在だと感じていた。それは、僕がそれまでの人生で経験したことがなかった気持ちだった。

僕はあのとき、ブリーダーさんにかけてもらった「一緒に頑張れ」という言葉通り、デュッカと一緒になって、頑張って働いた。「犬の仕事」をすることに決め、右も左もわからないなかで、デュッカに導かれたたくさんの出逢いがあった。自分の仕事も認められ、その甲斐あってか、僕の生活も少しずつ安定してきて、保護した祭《まつり》をはじめ、犬たちも増えていった。デュッカに子どももできた。僕の周りはにぎやかになり、僕はいつしか、あの、すべてをなくしたときに感じた、言いようのない淋しさを感じなくなっていた。

## 真のリーダーシップを持った犬

思えばデュッカは、犬たちのリーダーだった。

小さなミニチュア・ダックスフントだったが、僕の飼う犬たちのなかでもっとも存在感のある犬だった。犬たちがケンカしたりして騒いでいるときも、デュッカがひとこと「アウッ！」と言うだけで、みんなが一斉におとなしくなるほどで、みんなが、デュッカにつき従った。

僕は、ドッグトレーナーとして勉強して初めて、デュッカにそういった資質があることを知った。それまでの僕は、他の飼い主と同じように、家族として、一緒にいられたら嬉しい存在としてのデュッカしか見ていなかった。でも、僕がトレーナーとして活動していけばいくほど、デュッカが本当のリーダー犬であることを知ることになった。

諸説あるが、犬はオオカミを祖先とし、群れで生きる存在だった。実際、人間の手を離れた野犬は群れをつくるし、彼らはそのなかのリーダー犬に従って行動する。これは、持って生まれた資質によるものが大きく、誰も彼もがリーダー犬になれるわけではない。それは、体が大きいとか、力が強いとかだけではない。強さと優しさ、勇敢さと冷静さ、知性と愛情深い心をあわせもち、常に穏やかな存在でなければいけない。実際に、デュッカは、自分よりも体が大きい犬も従えていた。

しかし、ただ強いだけでなく、弱いものに寄り添う優しさもあった。人間に捨てられ、神経過敏になっていた犬を保護したときも、その犬の刺激にならない距離感でずっとそばにいて警戒心を解いていき、まずはデュッカに心を開いていった後に、ほかの犬との間を取り持っていった。〈わんわん保育園〉のお泊まり保育で、落ち着きをなくして吠え続けている犬のそばに行き、その犬《コ》と目を合わせず「ワンワン！」とだけ吠えて、一瞬で落ち着かせることもあった。また、僕のところの犬はいつも、デュッカを中心にみんな集まって寝ていた。それは、僕の家で一時的に預かった犬であっても同じで、デュッカがいれば、いくら神経質な犬《コ》であっても、他の犬を気にすることなく安心して眠ることができた。それはまるで、小さな子どもが、親がそばにいることで安心して眠れるのと似ていた。

ベタベタしすぎず、むやみに興奮せず、いつも冷静で、いつも穏やかで、一歩引いて全体を見ていたのがデュッカだった。自然、他の犬はデュッカにつき従った。デュッカは、本当のリーダーシップを持った犬だった。

また、デュッカは、僕がまだ駆け出しのトレーナーの頃、目の前にいる犬に対して、どういったタイミングで近寄ればいいのかを、自身の体で教えてくれたりもした。たんにシャイなだけの犬であれば、シッポを振って近づいていき、警戒心があって吠えが凄い犬には、いきなり近寄ったりはせず、こちらが穏やかな態度をとって、敵意がないことをまず理解してもらってから相手を待つ、などだ。心に落ち着きがなく、攻撃性の高い犬だと感じると一定の距離を作って、近寄らないこともあった。まだ駆け出しの頃の僕は、デュッカの言うことを聞かずに接しようとして咬まれることもあった。犬のことは、犬の方がよく知っている。リーダー犬であればなおさらだ。

僕はそれから、数々の犬と相対し、ドッグトレーナーとして経験を積んでいき、様々な問題を抱えた犬をトレーニングしていったが、僕の師は完全にデュッカだった。

あるとき、アメリカのカリスマドッグトレーナーである、シーザー・ミランの映像を見ることがあった。そこには、犬との接し方は〈ダディ〉と呼ばれるリーダー犬が教えてくれたんだと語るミランの姿があった。まさに、デュッカも、ミランにとってのダディと同じ、僕にリーダーとしてのあるべき姿を教えてくれた犬だった。

常に穏やかで、弱い者への優しさにあふれ、強い者に勇敢に立ち向かう強さを持ち、毅然とした態度で先頭に立つ、誰もが認める本当のリーダーシップ……あれから十年以上が経った今でも、僕はデュッカの域には至っていない。

それだけ、デュッカはたぐいまれなリーダー犬だった。

そんなデュッカだけど、完全無欠のスーパードッグだったわけでもない。

もともとブリーダーさんのところで出逢ったときも、ステンステンすっ転びながら最後尾を走ってきたように、生まれながらのリーダーという感じではなかった。

僕が犬の仕事に就きたいとブリーダーさんのところに通った話はしたが、そのとき、子犬だったデュッカは僕と一緒にいわば「里帰り」していた。そこには、二十数頭のダックスがいて、そのなかには当然デュッカの親もいたから、そこでデュッカがリーダーになることもなかった。どちらかというと、ケンカしたりする子犬たちをなだめるような、「仲裁犬」の役割を担っていたと思う。でも、今考えると、その群れのなかで、デュッカは、リーダーとはどういう存在かを学んでいたのかもしれない。実際、犬たちは犬の社会で秩序をつくるから、ブリーダーさんのところでは、とくにこれといったしつけをしなくても、リーダー犬を中心として、穏やかな犬たちの群れができていた。むやみやたらに吠えることもなく、咬みついてくることもない。一頭や二頭ではない。二十数頭が、リーダー犬を中心にまとまっているのだ。

これを見たことがない人に説明するのは難しいのだが、おそらくこれが、僕が「犬は悪くない、人間が悪いんだ！」と言い続ける根拠のひとつなのだと思う。性格をキチンと配慮して交配した犬たちだけで生活していれば、人間の言う「問題行動」なんて起こらない。それを人間が、売れるからと見た目だけで選び、性格を考えずに交配してしまったり、社会性を育む大事な子犬のときに群れから引き離してしまったりすることで、心が不安定な犬をつくる。それでも人間がリーダーになればいいが、それが難しいから、言うことを聞かない犬の方に「問題がある」としたり、場合によっては叩いたり、飼育放棄したりすることになってしまう。これはかなり根が深い問題で、だからこそ、たとえ殺処分がなくなっても、飼育放棄はなくならないと僕は思っている。不幸になるのは、なんの罪もない犬だ。

人間が介在しなければ、犬はきちんと秩序を保つ。それくらい犬は賢い生き物なのだ。それを人間がメチャメチャにしているだけなのに――。

デュッカは、そういった「犬の群れ」から、リーダーシップを学んだのだろう。だから、自分以外の後輩ができて、そのなかで自分がいちばん「みんなを守らなければいけない」立場になったことで、リーダー犬の素質が開花したのだ。人間のリーダーも、そうやって生まれるのかもしれない。

このように、リーダー犬としてのデュッカは、群れを巧みにまとめ上げた。

それでも、僕と二人だけの濃密な時間を過ごしてきたデュッカは、「自分が特別扱いされたい」という気持ちを出すこともあった。

たとえば保護犬が増えてきて、自分がかまってほしいときにかまってもらえないと、部屋の真ん中へトコトコと歩いて行き、僕か妻と目が合うまでじっと待っていた。そこで、どちらかと目が合った瞬間、目を見ながらジャーっとオシッコをするのだ。一回や二回ではないから、あれは絶対狙っていた。

ほかにも、メスであるデュッカが、妻をライバル視していたこともあった。車に乗っていたときのことだ。あの当時は、リードも何もつけずに犬を車のシートに座らせることが普通だったし、取り締まりも厳しくなかった。デュッカの指定席は僕の隣の助手席。それは、妻と結婚しても変わらなかった。デュッカ以外の犬たちがいたから、妻が後ろに座っていたというのもある。しかし、僕が運転していると、助手席に座るデュッカが決まって「キューン、キューン」と悲しそうな声で鳴く。僕が「おいで」と自分のひざにデュッカを乗せると、デュッカが後部座席に座る妻の方をチラッと見て、勝ち誇った顔をしたというのだ。それも毎回。妻は「今でもあの顔は忘れられない」と言い、僕自身はそれを見ることができないので、どんな顔だったのかわからないままだが、オンナとしての顔を見せるデュッカもいた(らしい)。もちろん、ふたりの名誉のために言っておくが、妻とデュッカは仲がよかったし、僕がいないときは妻のひざの上にデュッカが乗っていることも少なくなかった。ただ、僕がいるとデュッカは必ず、妻よりも僕の近くにいた。僕は女心がサッパリわからないが、何か見えない闘いがあったのかもしれない。

ただ、誤解しないでいただきたいのだが、あくまでもデュッカは、僕たちだけにワガママをぶつけただけで、自分がかまってもらいたいからといって、ほかの犬に吠えたり、自分より立場が弱い者を傷つけたりすることは、絶対にしなかった。

だから、デュッカは誰からも頼られたのだろう。

## デュッカの異変

デュッカと暮らしてすでに十三年が経っていた二〇一三年八月一日の夜、〈わんわん保育園〉でいつもと変わらず夜ゴハンを完食したデュッカは、いつも通りの元気さで、いつも通り過ごし、僕たちと一緒に夜の十時頃帰宅し、僕たちも食事をした。

しかしその後、たぶん十一時過ぎだったと思うけど、デュッカが突然ケホッ、ケホッと咳《せき》をし始めた。ずっとし続けるというのでもなく、五分から十分おきくらいに。咳はしていたが、いつも通り部屋の中を歩き回っていたので、とりあえず少し様子を見ることにした。でも、なかなか咳が収まらない。なんだか胸騒ぎがして、「やっぱり救急に!!」と、懇意にしている〈動物医療センターもりやま犬と猫の病院〉の夜間診療へ。

ここの淺井院長は、数多くのスタッフを抱える人気動物病院の経営者でありながらも、自身も腕の立つ獣医師として最前線に立ち、今は動物の予防医療の普及にも力を入れている。僕たちの保護活動を心から応援してくれており、保護犬の治療費や検査費をできるだけ軽減してくれている（もともと料金は安めなのに！）。さらに僕が、自分の知識を増やしたいからと「オペを見せてほしい」と頼めば快く応じてくれたり、いろいろな知識を惜しげもなく教えてくれたりする、人として尊敬でき、信頼もしている人だ。

今では病院が大きくなってスタッフによる交代制にはなったが、個人でやっているような小さな病院の頃から夜間診療もしており、院長は「何かあったら心配だから」と病院に寝袋を持ち込んで泊まり込む生活をしていた。僕も保護の犬が増え出した頃はそんな生活だったこともあって、動物に対しての「想い」とか「愛情」とかで通じるものを感じ、今では、院長と僕は会う度に動物と人間が幸せに暮らせる未来を語り合う仲にもなった。院長と僕がタッグを組めば、より多くの生命が救える、と。実際にそうだった。

僕たちが保護する犬は、ほかではなかなか引き取り手がない、高齢であったり持病があったりする犬も多く、健康診断や手術治療など、何かあればとにかくここに連れて行くことにしていた。生命が危険な状態になることも（なぜか不思議と夜が）多かった。だから、この病院があることで救われた生命がいくつもあった。

とはいえ、デュッカを夜間診療に連れて行くことに、そこまで重い意味はなかった。まあ、早めに診てもらった方が早めに楽になるからいいか、くらいの軽い感覚だった。

この日は院長はおらず、当直だった医師に症状を説明し、レントゲン等の検査もしてもらったが、異常といえばレントゲンで肺が少し白くなっている程度で、僕から見ても本当に少し白い程度で、「ヤバいな」というような感じではなかった。

肺炎のなりかかりかもしれないので、酸素室に入った方が楽だから、それで様子を見ようということになり、デュッカが少しでも楽になるなら、ということで一日入院させることにした。このとき僕は、なぜそうしたのかわからなかったが、酸素室の中にいるデュッカに「明日また来るなあ」と言いながら、携帯のカメラをデュッカに向けて写真を撮った。デュッカ自身も穏やかな表情で僕の方を見ていた。数多くの犬を病院に連れてきたが、ブログでの保護犬の報告用以外で写真を撮ったのは後にも先にもこのときだけだった。

結果、この写真が生きているデュッカの最後の写真となった――。

翌朝、いつも通り犬たちを連れて〈わんわん保育園〉に。あの頃は今と違ってお店から離れた場所に暮らしており、動物病院はお店に向かう道の途中にあった。だからその日も、いつも通り病院の前を車で通ったが、僕は軽い気持ちで「デュッカ、また後で来るからな」と言って通り過ぎた。朝は保育園の通園の迎え入れで忙しいので、それが落ち着いたら来よう、と。

僕はデュッカがすぐ快復するものだと思い込んでいた。

お店に着いてすぐ、携帯が鳴った。

先ほど通り過ぎた動物病院からだった。

何かがなければ電話はかかってこない。イヤな予感がしながら電話に出た。

「デュッカちゃんが、心肺停止です」

「はっ!?」

僕の頭は一瞬で真っ白になった。

え？　何言ってんの？　は？　どういうこと？

「悪くなるかも」なんてこれっぽっちも思っていなかった僕は、パニック状態になりながらも、すぐ動物病院に車を走らせた。僕は、車の中で一つのことしか考えられなかった。

「デュッカ、デュッカ、デュッカ！」


僕が病院に着き、案内されるまま奥の集中治療室に行くと、院長を含め、たくさんの病院スタッフが慌ただしく動き回っていた。治療台の上で横になり、口に管をつけられていたデュッカを見つけたとき、デュッカの方も僕を見つけ、ムクッと首を上げて立ち上がろうとしていた。そのとき、乱高下をくり返していた心電図が、正常になった。

僕は瞬間的に「助かった！」と思った。院長も、

「さすが、髙橋さんが来たら持ち直したね！」

と言ってくれ、デュッカの口に入っていた管が外されたので、僕はこれまでの緊張から解き放たれた気がした。

これで大丈夫。助かった！　良かった。

でも、それは長くは続かなかった。数分後にまた意識がなくなり、再び人工呼吸の管を入れられた。しかし、管の横から出ていたデュッカの舌から血の気がなくなり、みるみるうちに白くなって、だらんと力なく垂れた。

僕は直感的に思った。「もう、ダメだ……」

これまで、保護犬も含めたくさんの犬の最期を看取ってきた。動物病院の治療台の上でもそう。医学的なことはわからないが、僕の経験上、舌がこうなったときはみんなダメだった。だから、デュッカも、助からない段階に来ていることを初めて実感した。

それでも、院長をはじめ、病院のスタッフは懸命にデュッカの治療に当たった。

「××ccを投与！」

「××cc!!」

僕はただそれを見ているしかなかった。でも、ずっと見続けることもできなかった。

僕はその日、専門学校で休講にするわけにはいかない授業があった。僕はデュッカのそばにずっといたかったが、きっとデュッカであれば、「何しているの？　授業に行って！」と言うだろう。僕は、この通り裏表がない、思ったように行動する人間だ。だけど、どこでもそうだけど「業界」には表も裏もある。学生に教えるときは、そういった「裏」を見せない人もいるが、僕はすべてを包み隠さず学生に伝える。隠していても、業界に入って裏を見てしまって心が病んでしまってもいけないし、業界に悪い意味で染まってほしくないからだ。世の中は理想通りにはならない。でも、今がこうでも、未来は変えていくべきだと僕は思うし、学生たちは、それができる存在だからだ。少なくとも僕はそう思って、僕の見聞きしてきたこと、体験してきたことを、正直に、まっすぐ学生たちに伝える。そうすることが、「人と犬のより良い共存」のためにもなることだと信じているからだ。だから、僕にこの道まで導いてくれたデュッカなら、必ず「行け！」と、言葉では言わなくても、態度で示すだろう。僕の行動が、多くの生命を救うことに繋がっていくはずだから。

僕は病院を離れた。代わりに、妻と、ボランティアさん親子がデュッカについていてくれた。妻によると、まだ治療は続いていたらしい。デュッカは治療台で横たわり、点滴と口からチューブが出ていて、酸素マスクをされており、まったく動かなかったようだ。心音が下がるたびに心臓を動かす薬が注射された。

「髙橋さんの大切な犬だ！　帰って来るまで生命をつなげ！」

と院長が言い続けていたらしい。それから何回目かの投与のときに、別の獣医が、

「もう、これ以上は……デュッカちゃんがかわいそうかもしれません」

と言い、院長も苦渋の表情で治療を断念することになった。妻にとっても辛い選択だった。薬の投与を止めると、心音もじきに止まった。チューブなどが外され、デュッカの死を実感した妻は、デュッカのそばで泣き崩れた。二〇一三年八月二日の十三時十分だった。

デュッカが院長たちの手でキレイにされる間、妻はずっと涙が止まらなかったらしい。幸い診察時間外で、吹き抜けのある広い待合ホールには誰もおらず、妻は大声で泣いた。


僕は授業中、デュッカのことが気がかりではあったが、やると決めた以上やるしかない。切り替えて前を向ける、それは僕の取り柄だ。

でも、授業が終わったときに来た妻からのメールで、ふと我に返った。

「デュッカの心臓が止まった」

僕は涙が止まらなかった——。

## 誰からも愛された存在

そこから店までのことは、ハンドルを握って涙を流し続けたことしか記憶にない。僕は入口の扉を開け、キレイになった状態で棺に入っているデュッカに駆け寄った。

「デュッカあぁぁぁぁぁ……」

普段、弱味を見せることがまったくない僕が、周りを気にせず泣き叫んだ。

僕に様々なことを教えてくれ、たくさんの出逢いをくれたデュッカは、突然僕のもとを去った。

僕はそれまで、飼っている犬を何頭か見送ってきた。それなのに、デュッカがいなくなる日が来るなんてことを、これっぽっちも想像していなかった。それくらい、デュッカは大きな病気もしたことがなかったし、前日もいつも通り元気だったから……なにより僕にとってデュッカは、なくてはならないかけがえのないパートナーだった。

僕は、目の前が真っ暗になった。僕は生来明るい男で、借金を抱えたときも大変だとは思ったが、死にたくなるほど暗くなることはなかった。しかし、このときは人生のどん底に落ちた気持ちだった。

僕はそれから、店でも家でも、デュッカを抱きながら生活した。それくらい、僕はデュッカと離れたくなかった。

それがもう無理だとわかりながらも、僕にはそうすることしかできなかった――。

「デュッカが死んだ」という知らせを聞いた人たちから、デュッカのためにたくさんの花が贈られてきた。花を持って、直接デュッカにお別れを言いに来た人もいた。電話もたくさんかかってきた。デュッカのために持って来た花が、しつけ相談や飼育拒否の面談をしている三畳ほどのスペースにあふれかえった。僕はデュッカを亡くしたショックでもうろうとしていたから詳しく覚えていないが、突然のことだったにもかかわらず、葬儀にも三十人くらいは来ていたそうだ。

デュッカが亡くなって一週間が経ってもまだ、デュッカのために花を持って訪れる人たちがいた。デュッカに対して「ありがとう」と言いたかったと。デュッカがいなければ、僕がこの仕事をすることもなかったし、〈ＤＯＧ　ＤＵＣＡ〉も〈わんわん保育園ＤＵＣＡ〉もない。ここで保護した犬を里子として迎え入れた里親さん、しつけがうまくいかず困り果てて、保育園に通園するようになってから愛犬と幸せに暮らせるようになった飼い主さん、みんな、デュッカという大きな存在を惜しみ、そして涙した。

「死んだときにその人の価値がわかる」なんて言葉もあるが、デュッカはまさにそれだった。それだけ、デュッカは愛された。

デュッカ自身が愛にあふれた犬だったからだ。

思えばデュッカは、誰からも愛される犬だった。

とくに昔は僕の飼っている犬とお客さんの距離は近く、みんなが「この子がお店の名前の子ね！」とか「あなたがデュッカちゃんなの！」とかわいがってもくれたので、みんながデュッカのことを知っていたし、デュッカもそれを喜んで受け入れていた。

僕はこの通り裏表がない性格なので、自分の機嫌がそのまま顔に出る。機嫌が良ければ愛想もいいが、機嫌が悪ければ(いけないとわかりつつも)愛想も悪くなる。しかし、デュッカにはそんなところがない。人が大好きなデュッカは、どんなときも愛想よく、初対面の人だろうと犬だろうと、自分からシッポを振って寄って行き、明るく接することができる。だから、みんな、デュッカのことが好きだった。

デュッカは犬にも愛された。デュッカに怒られた犬《コ》でも、デュッカとくっついて寝たがったし、いつもデュッカの周りには誰かがいた。デュッカが亡くなって棺に入っていても、デュッカと仲の良かった保護犬、ダックスの〈メリー〉は、ずっとデュッカのそばから離れようとしなかった。

## デュッカが最後に伝えたかったこと

僕がツラいときだけでなく、誰でもツラい気持ちになっている者がいれば、一番に寄り添いに行っていたのはデュッカだった。そしてそれを、身をもって僕に教えてくれたのがデュッカの最後の仕事だった。

これまで、大切な家族である犬を亡くされた方に、僕はなぐさめるつもりで、平均寿命を引き合いに出したりして「寿命だったんだよ」とか「仕方ないよ、長生きした方だよ」とか「いつまでも悲しんでると、死んだ犬《コ》が悲しむよ」なんてことを言っていた。僕はペットロスでずっと苦しんでいる人もたくさん見てきたから、元気づけるために「少しでも前を向かないと！」というアドバイスをしたつもりだった。

でも、デュッカを亡くして初めて、その言葉がどれだけ無神経で相手を傷つける言葉だったのか、今になって思う。亡くしたのは、ほかでもない「家族」なのだ。それを簡単に一言で片付けられはしないのだ。

それに、仕方がないことだっていうのは、自分自身がいちばんよくわかっている。自分で自分を納得させるには、「仕方がない」と思うしかないからだ。僕自身、淺井院長に、「力不足で……」と言われたけど、「この院長が全力で治療してダメだったのだから」「僕がずっとそばにいたのにまったく何も気づかなかったのだから」と、自分を納得させるしか、仕方がないと思うしか、自分の心の整理がつけられなかったのだ。

デュッカを亡くした僕は、いつも通り保育園に来る犬のトレーニングや保護活動を続けながらも、心のなかはしばらくの間、大事な存在をなくした悲しい気持ちでいっぱいだった。ただ、悲しい。ひたすら、悲しい。それは理屈じゃなく、感情なのだ。それを「平均寿命」などと理屈で言っても、相手の悲しみが癒えるわけじゃない。元気になってほしいから言うことであっても、結果的には言う方が相手を納得させたいだけなのだ。「しょうがないじゃん」と。

僕は、デュッカを失って初めて、そのことに気づかされた。

大切な家族の生命《いのち》を、「しょうがないじゃん」なんて簡単に割り切って考えることなんて、できるはずがないのだ。大切であればあるほど、難しい。僕はデュッカを亡くして初めて、そのことに気づいた。デュッカに身をもって教えられたのだ。

かつてブリーダーさんのところで、「髙橋さんにあと足りないのは、大事な犬との別れね」と何度も言われていたが、こういうことだったのだ。僕は、自分が弱い人間だと思っていなかった。古い人間だからかもしれないが、むしろ、弱味を見せることがカッコ悪いとすら思っていた。だから、人だろうが犬だろうが、別れることになったときに、悲しいと感じることはあっても、いつまでもそれに囚われるのは、「弱さ」だと思っていた。起きたことは変えられない。受け入れて前に進まなきゃいけない――でも僕は、デュッカという僕にとってはかけがえのない存在を亡くして初めて気づいた。

それは弱さなんかではなく、想いの「深さ」から来るものなのだと。

想いが深ければ深いほど、悲しみは、深い。


それから僕は、同じようなことがあれば、大事な存在をなくした人の悲しみに寄り添うようになった。

「ツラいよね……デュッカのときもそうだったもん」

「どうしても自分を責めちゃうよねぇ」

それは僕が、デュッカを亡くしたときに言われて、僕自身が救われた言葉でもあった。

僕を「犬の仕事」や「生命を救う仕事」に導いてくれたデュッカが、僕に最後に伝えたかったことは、「生」にも、そしていつか来る「死」にも、真っ正面からまっすぐ向き合うことだった。それが生命の重さをより実感できることだと。

それまでの僕は、不幸な犬たちの生命を「救う」ことばかり考えていた。だからこそあのとき、祭《まつり》を飼い主のところから連れ出し、ドリームボックスの中で泣き叫び、たくさんの不幸な犬たちを保護し、殺処分されかねなかったヒカルをここに連れて来た。思えば、僕は、犬との「別れ」を受け入れられない気持ちが強かったから、そうしてきたのかもしれない。殺されそうになっている犬がいたら救い出そうとするのも、あのとき、愛護センターの檻の中にいた犬たちの顔を今でも覚えているのも、僕が、生命との別れを「仕方がないじゃん」と思えなかったからだ。今でもそれは、間違っているとは思わない。

　でも、生命ある者であれば誰にも訪れる「死」という別れがあるという現実は、受け入れておかなければならない。それは、「仕方がないじゃん」という後ろ向きな意味ではなく、前向きな意味で。生命に限りがあるからこそ、今を大事に生きる必要があるのだ。

　僕はそれまで、年齢が八歳を超えた高齢犬を飼育放棄する人たちにいつも、「最期の時まで一緒にいてあげて」と言っていたが、ただ犬の気持ちになったらかわいそうとか、淋しい気持ちになるからという想いが強かった。

　でも、今ならこう思う。生命は本当に短く、そして重い。だからこそ、人間よりも短い、限りある生命と、どう生き、どう別れるか、もっともっと真剣に考えてほしいと。

　もちろん、それを言ったとしても、飼育拒否を止めない人はいる。でも、それでも僕は、生命を救うことよりも、「生」も「死」も乗り越えて、生命とまっすぐ向き合うことを伝えたい。

僕とデュッカのように、悲しい別れは突然やってくる。

それでも、デュッカと出逢えて得たすべてのことが、僕にとってのかけがえのない宝物になったから――。

### さよなら、デュッカ

デュッカを亡くして僕はしばらく、悲しみに包まれていた。

だからといって僕は、ずっと泣いていたわけじゃない。

それに、〈わんわん保育園〉には僕のトレーニングを必要とする犬や飼い主さんが来るし、デュッカがいようといなかろうと、不幸な犬はどんどんやって来る。デュッカによってここまで導かれた以上、僕は僕の仕事をする必要があったし、なにより、ここで止まったらデュッカに怒られてしまう。とはいえ、ふと時間が空いたときに、デュッカがいない悲しみに囚われそうになる。でも、そんなときは、デュッカのことを想って来てくださった方が供えていった花を見て、その花の数だけ、悲しみが和らいでいった。


一年以上が経ち、僕の心の傷が少しずつ癒えてきた頃、動物の霊と会話できるという方に、デュッカのことを見てもらった。僕は動物行動学や心理学を学生たちに教えている立場の人間で、そういったマユツバなものを信じる気はさらさらなかったが、それでも、デュッカの病気に早く気づけなかったこと、最期のときにそばにいてやれなかったことが心残りだったから……僕は聞いてもらうことにした。

亡くなる前日、酸素室から僕を見たとき、なぜあんなに穏やかな顔をしていたのか。動物は人間よりも、自分の「死」を正確に悟る。だったら、なぜあんなに穏やかな顔でいられたのか？　僕と別れることになるというのに……。

最初に、その人が言うには、デュッカは、天国に行かず、僕のそばにいるということだった。そこで僕に語られたのは、前日に咳をして気づいてもらうことができてよかったと、そこで心配して抱きしめられたときに、自分のなかでお別れをしたのだというデュッカの気持ちだった。病院で別れたときに酸素室で見せた表情は「ありがとう」ということを伝えたのだと。僕が悲しむことを知って、僕のそばでではなく、動物病院での死を選択したのだとも言った。

僕は、そこまで聞いてデュッカだ、と思った。デュッカは、体調が悪いときでも、ツラい姿を人に見せないし、なにより、誰よりも他人の気持ちを考えて行動できる犬だった。僕が誰よりもデュッカのことを愛していることも知っていたが、それだけではダメだと教えてくれたのもデュッカだった。自分がかまってほしくていろいろすることがあっても、今、愛情をかけてあげないといけない犬《コ》がいれば、そちらを優先しろと合図を送るのもデュッカだった。

思えば、僕は、デュッカに「愛する」ということを教えてもらったのだ。

そんなデュッカが、僕に死に際を見せない選択をするのは自然だと感じた。僕がデュッカの立場だったら、そんなことはできなかっただろう。デュッカは、僕よりもずっと立派な存在だった。

飼っている動物が亡くなるとき、飼い主のいないところで死ぬ、という話はよく聞くが、僕はそれを、「弱っているところを見せない」という動物の本能から来るものという理解をしていた。ドッグトレーナー、獣医も皆、同じ見解だろう。しかし、デュッカと生活しているときにふと、デュッカが人間と同じような存在に感じられる瞬間もあったので、本能ではなく、純粋な「愛情」でそういった選択をすることがあるのも、感覚として理解できた。犬は、人間以上に、愛情深い存在だからだ。

とくにデュッカはそうだった。誰に対しても強く、優しく、誰かを幸せにすることをいつも考えているような、愛にあふれた犬だった。そんなデュッカだから、犬たちもデュッカに従い、みんなから慕われ、そして愛された。それが、僕の心の師、デュッカだ。

僕は、デュッカと別れた悲しみに囚われて、それまでデュッカと過ごした日々を想うことを忘れていた。デュッカとは、ツラいときも楽しいときも一緒にいて、数え切れないくらいのいろんな想い出を作ってきた。そして今、僕がこうやって犬の世界でやっていけているのは、全部、デュッカが照らし、そして導いてくれた道があるからだ。

今、残された僕が、デュッカのためにできることは、この道を、ひたすらまっすぐ走り続けることなんだ。だから、いつまでも立ち止まっているワケにはいかない。

僕はやっと、デュッカとお別れができた。

デュッカは最期まで偉大な犬だった。

デュッカ、僕のところに来てくれて、ありがとう。

デュッカと出逢えて、本当に良かった。

# 第六章　犬が僕たちに教えてくれること

僕はデュッカに導かれてここまで来た。でも僕には、デュッカ以外にも、たくさんの犬との出逢いがあり、たくさんのことを学ばせてもらった。

そんな犬たちが僕たちに教えてくれたことを、みんなにも知ってもらいたい。

## 人が変えた犬、犬が変えた人

犬と人との関係は、文字のない頃からあるため、正確なことはわからない。が、もっとも有力な説では、オオカミのなかでも人間と親和性の高いグループを人間が交配して「犬」という生き物をつくってきたといわれている。元がオオカミだから、強いリーダーシップが必要、というわけだ。

かといって、家庭で犬を飼う場合、何頭も飼うことはできないし、デュッカのようなリーダー犬がまとめてくれるということもなかなかない。だから僕はドッグトレーナーとして、飼い主さんに対して、人間が、子どもにとっての親と同様、「この人は守ってくれる人だ、リーダーだ」と思われる飼い主になりましょうとアドバイスする。

飼い主が「怖い」と不安を抱いたまま散歩に出たら犬も不安を抱いてしまうし、自由に好きなように歩かせれば怖さや不安のある犬はより不安になり、警戒心を強くしてしまう。

逆に、怖がることのない強い犬は、支配力が強くなってわがままになり、飼い主の言うことを聞かずに自分がリーダーとして振る舞うようになる。だから、散歩中のリーダーウォーク――人が前を歩き犬が飼い主の歩調に合わせて穏やかに後ろを歩くトレーニング――がもっとも重要なことだと説明する。

とはいえ、強いリーダーシップを思い違いしている飼い主も多い。典型的なのは体罰だ。リーダー＝「言うことを聞かせなきゃ！」と思い違いをしてしまい、自分の思いどおりにならないと感情的に叱ったり叩いたりして、結果的に体罰を生んでしまうのだ。

こんなことが起こるのも、犬のしつけというものが、人々のなかで「これ」と決まっていないこともあるだろう。

二、三十年くらい前までは、犬のしつけというのは、飼い主の手に余る大型犬に対して警察犬訓練士などのプロがするもので、家庭でするのは、お座りなどの「芸」を覚えさせたりすることだった。売られる犬も、ブリーダーが性格を配慮して交配した犬が多かったし、臆病ですぐ吠えたり咬みついたりするような犬も少なく、また、飼っている環境も、そもそも飼う人の周りに知識のある人が必ずいたし、散歩中に近所の人にオヤツをもらったり、見知らぬ人になでてもらったりと、犬にも社会性が身につきやすかった。

しかし今は、犬を取り巻く環境が大きく変わり、社会性のない犬も増えたし、何も知らないで犬を飼い始める人も増えた。しつけに対する考え方もずいぶん変わった。昔は、犬のしつけ＝警察犬訓練所だったのに、今や、訓練所や訓練士は、体罰もする厳しいトレーニングがあると、場合によっては非難されたりする時代になった。

僕は、二十年以上前に警察犬訓練士のもとでトレーニング方法を学んだ。確かに九〇年代当時のトレーニングには厳しいものがあったが、今は時代の変化に合わせ、ずいぶん平和的なものに変わってきたと聞く。また、犬のなかにはもともと支配力が強い犬もいて、ほめるだけのトレーニングだけではなんともならず、人間の側にそれに打ち勝つ強さが必要となることもある。だから僕でも、犬によっては、体罰こそしないが警察犬訓練士のような厳しい態度で接するときもある。

ただ、警察犬訓練士の方法は、人のために作業する使役犬《しえきけん》のためのトレーニングが基本である以上、人間の指示に従って行動できるような従順さを「入れる」のがゴールになるのは変わらない。つまり、どんな犬でも、人間に絶対服従する「お利口な犬」にするためのトレーニングだ。

僕はそれを学びながらも、自分にはできないやり方だなと思っていた。理由は実に感情的なもので、犬が「かわいそう」と思ったからだ。

僕がトレーナーをめざした当時は、小型犬が売れるペットブームで、犬がどんどん身近なものになっていき、犬が、「家族」だったり「子ども」になっていった時期だ。外で飼うよりも、室内飼いが一般的になり、それどころか人間と一緒に寝るようにすらなった。昔のように、とにかく愛想もなく言うことを聞く「お利口さん」よりも、ちょっとヤンチャでも、一緒にいて楽しい犬、個性のある犬が求められる時代になったし、僕自身もそう思っていた。人間の子どもの教育が個性重視に変わってきたことも影響しているのかもしれない。それだけに、どんな犬であっても同じように「お利口な犬」にする、という考え方がどうも受け入れられなかったというのもある。

もちろん、絶対服従が求められる警察犬などを育てるには厳しさが必要なのもわかるし、その厳しさのなかで生まれる信頼関係もあることは理解できる。たとえるならそれは、プロスポーツ選手とコーチのような関係に近い。難しい指示をこなして大いにほめられることで自信を持てたり、信頼関係を築くことに幸せを感じたりする犬もいるし、そもそもそういう性質を持った犬が警察犬になる。つまりエリートなのだ。精神力も違う。

では、それが、飼い主さんが「元気であれば良い」と思っているような小型犬にふさわしいトレーニングかというと疑問が残ったし、また、飼い主さんが訓練士のようになれるかというと、難しいと感じた。

そういうこともあって僕は、普通の家庭犬向けのトレーニングを模索した。当時は家庭犬を専門とするドッグトレーナーはほとんどいなかったというのもある。

だから僕は、様々なことを学びつつ、学んだことを目の前の犬たちで実践しながら、常により良い方法を追い求め、犬の気持ちを尊重し、本能に基づく今のトレーニングの原形を確立していった。デュッカのところでも話したが、それがその犬に合っているか合っていないかは、犬たちが教えてくれたから、犬が「かわいそう」な状況になることもなかった。僕は犬にトレーニングすると同時に、犬たちに教えてもらった、「正しい接し方」「家庭できるトレーニング」を飼い主に伝えるようになったし、時代の変化に合わせて、どんどん今の人たちが受け入れられやすい形にしていった。犬の置かれている環境が変わっているのだから、人間の接し方も変わっていかないといけないからだ。

そういった経緯もあって、僕は、犬の保育園で社会性トレーニングをさせながら、同時に、飼い主自身も犬との接し方を学び、犬と共に、自分も人間教育される経験をしてほしいと思うようになった。それは、子育てと通じるものがある。僕も今の妻と家庭を持って初めて、子育てというものに真剣に参加するようになったが、子育てはもっとも優れた人間教育の場だと感じている。犬のしつけも、それと同じなのだ。

親が周りの目を気にして、「いい学校に行かせたいから、いい塾に入れたい」とか、「勉強しないから、させてほしい」と、塾などに丸投げする人もいるが、その結果、どうなるか？本人がその気になってくれればいいが、なかには、挫折してヤル気をなくしたり、親に激しく反発したり、逆に燃え尽きたり、何事にも無気力になって引きこもることもある。それが犬に起きたって不思議ではない。

僕が言いたいのは、子どもの教育と同様に、大事なのは、親である飼い主が、家族である犬のことを考えたトレーニングを選択し、自身も一緒に学んでほしいということだ。

実際、ほとんどの犬はここでトレーニングを受けたり、飼い主さんの行動を見直したりすることで飼い主さんと幸せに暮らすことができたし、それは里親のところに行った保護犬でも同じだった。

## 人がつくった「咬む犬」

でも、なかには残念ながらそうはいかなかった犬もいる。ここで保護しているミニチュア・シュナウザーの〈メイ〉のケースがそうだ。

メイの飼い主さんは、ごくごく普通の、気の優しい人だった。犬は生後半年ぐらいで「しつけ」をしてもらった方がいいと聞き、メイに咬みグセもあったので、元警察犬訓練士だったドッグトレーナーを頼り、メイを預けた。ところが、その人は厳しい体罰も辞さないトレーニングをする人だったようで、咬んではいけないことをスパルタで叩き込まれた。その結果、メイは確かにそのトレーナーには咬むことをしなくなったが、自宅に戻れば、それまで以上に飼い主さんが触ろうとするだけでも咬みつく犬になっていた。直るどころか、むしろ悪化したのだ。メイは、ここに連れて来られたときにはもう、人間の手に対しては誰にでも咬みつく癖が染みついてしまっていた。

前にも述べたが、生まれたばかりの犬は、人を咬んだりしない。何かがきっかけで、咬むようになる。子犬は弱い存在だから、何か恐怖を感じると、震えたり、固まったり、逃げられるなら逃げたりする。しかし、それができないように閉じ込めたり、怒鳴ったりして追いつめることで、防衛本能が働き、何かの拍子で歯が当たったり咬んだりしたことによって人間がひるむことで、「咬むことが有効だ」と学習する。咬まれても何もなかったようにできれば、咬んでもムダと思えるのでそうはならないが、一般の人にそれは難しいだろう。

メイは、飼い主さん家族や馴れた人は大好きで自分から甘えるが、体を触られることに恐怖を感じる犬だった。生まれ育った環境なのか、それとも別のことが原因なのかはわからないが、メイは人間に触られることで「支配される」「拘束される」という意識が働き、反射的に防衛反応で咬みつく癖がついていたのだ。

その当時の警察犬のトレーニング方法では、絶対的な主従関係をつくるために自由を制限して、時に拘束もする厳しい服従トレーニングをするので、それが合わなかったのかもしれない。もっとも、そういったトレーニング方法も、強いリーダーシップを持って、トレーナーのところと同様のことを家庭でもキッチリやりきれば人間に従うようになって咬みつくこともなくなるので、完全な間違いとは言い切れない。でも、家庭でそのやり方をやれる飼い主ばかりではないのも事実だ。メイの飼い主さんはその典型で、用のないときは接触すらしない警察犬とは真逆の、飼い犬との濃密なスキンシップを求める人だった。本来であれば、そういった家庭事情を踏まえて、飼い主さんとメイがどうやっていい関係を築いていけるかを考えたトレーニング方法を提案するべきだったところ、時代のせいもあるだろうが、家庭犬として迎え入れられたはずのメイに、警察犬にするような厳しいトレーニングが課せられた。その結果、メイは、さらに人間に対して恐怖心が出るようになり、とても抱っこしたりできるような状態ではなくなってしまったのだ。

それからメイは、ここでの長期にわたるトレーニングを行って、僕の指示に完璧に従い、人間に対しては恐怖心を持たないようになった。しかし、目の前にフッと手が来たり、抱っこされそうになったりすると反射的に咬みついてしまう癖は結局抜けなかった。

犬は、一度学習したことを死ぬまで守ることがある。「咬む癖」くらいなら、飼い主やその犬《コ》にあったトレーニングをすれば直ることもあるが、合わないトレーニングをすると、メイのように「咬みつきグセ」が一生抜けきらないこともある。

愛情を持って接すればなんでも解決する、というわけではないのだ。人間だって同じだろう。愛情だけでなんとかなるんだったら、法律なんていらないはずだし、犬のことだって、愛情を持って飼い始めたけど、飼育拒否されてここに連れて来られた犬がたくさんいて、僕たちがいるのだから……。

僕は、飼い主さんに、メイをここでずっと面倒見させてほしいとお願いすることにした。ここなら、メイをあえて抱っこすることもしない適度な距離感でメイと付き合っていくことができるし、メイにとっても飼い主を咬むという「したくないこと」をするのを防ぐことができる。

あとは、飼い主さんの方だ。メイの飼い主さんは、メイが咬みつくようになってしまったことを「自分の責任だ」と責めるようなとても愛情深い方で、ここに「保護してほしい」と言ってくる多くの人たちとは違っていた。だからこそ、メイをドッグトレーナーのところに連れて行ったたし、それでもダメだからなんとかしたいとここに連れて来たような人だ。たしかに、メイが求めていないスキンシップをしなければメイが咬むことはなくなるが、それを単純に「飼い主が悪い」とすることはできない。そういった愛情表現を必要としている犬もいるからだ。

ちょうど、愛護センターから雪を連れ帰ったすぐ後にセンターから保護した、四頭のミニチュアダックスがそうだった。雪と同じくほとんど飼い主から見捨てられて育ってきたような犬で、持病もあった。でも、絶対的に愛情を必要としているのは明らかだった。だから僕は、メイの飼い主さんに、代わりにこの犬の里親になってくれないかと頼んだところ、なんと二頭の里親さんになっていただけることになった。それからその犬たちは、何度も病気をくり返し、多額の治療費がかかったにも関わらず、深い愛情をかけてもらい幸せに暮らすことができた。その飼い主さんは、今も定期的にメイの様子を見に来て、保護活動への寄付やスタッフへ差し入れをしてくださったり、僕の活動を方々で伝えてくださったりしている。本当に愛情深い人なのだ。僕は、この経験で、こういう形で得られる幸せもあるのだ、ということを学ばせてもらった。

　メイは今、譲渡もせず僕たち家族のメイとしてここで暮らしている。幸い、ここにはたくさんの保護犬がいる。メイがその犬たちに咬みつくことは一切なく、いつも仲のよい保護犬と一緒にいて、スタッフからも愛されている。ときおり僕たちの手でも反射的に咬みついてしまうこともあり、とくにトリミングするときが大変だが、咬みついた後、「あっ」という顔をする。本能でしているから、メイ自身も止められないのだ。

　犬は本能で生きる動物だ。だから、力で抑えつける方法が一時的には有効かもしれない。でも、同時に、心を持った生き物だ。一時的には良くても、長期的に見れば精神的に病んだりとマイナスなこともあるし、何より、その犬《コ》の心を見てあげないと、本当の意味で、その犬《コ》にとってふさわしいトレーニングなんてできない。それは人間だって同じことだ。子どもの心を置き去りにして、親が子どものためによかれと思ってしてあげることが全部正しいなんてことは絶対にない。

たとえば人と上手く付き合えない子に対して、親が「仲良くしなさい」と強要してしまうことで、対人恐怖症になって登校拒否になったり、親にも心を閉ざす原因をつくったりすることもある。犬も、犬自身は飼い主と一緒にいたいだけなのに、飼い主が「他の犬と仲良くしてほしいから」と、嫌がっているのにドッグランに連れて行って、恐怖のあまり他の犬に咬みついてしまう、ということもある。人も犬も、大事なのは、マニュアル通りにこちらが決めつけるのではなく、周りの目を気にしたりするのでもなく、まずはしっかりと、相手とまっすぐ向き合って、何が相手にとっていちばん良いことなのかを考えてあげることだと思う。その犬がどんな性格で、他の犬と仲良くしたいのか、臆病な性格なのか……犬種以上に性格は大事だ。でもそれを理解していない飼い主、そしてトレーナーがとても多い。自分の家族だって、性格のことを配慮して付き合うはずなのに！　思春期の子どもに、今までと同じように接したらダメなのと同じじゃないか?。

それだけ、犬が、何か特殊な存在と考えている人が多いのかもしれない。でも、実は単純なことなのだ。犬は、僕たちと同じ、生命《いのち》ある生き物で、僕たちに非常に身近な存在だということ、人間のパートナーになり得る存在だということを忘れないでほしい。僕とデュッカがそうだったように――。

ただ、犬は子どもと違って人間が選ぶことができるだけに、理想をいえば、飼う前に、自分の手に負える犬かどうかをまず考えてほしいと思う。もちろん売る側も、きちんと性格を把握して、伝えるべきだ。でも、それができなかったり、浅い理解で終わってしまっていたりするのが現状だ。だから、こういった咬みつく、吠える、こんなハズじゃなかったといった理由での飼育放棄がなくなることはないのだが……。

そもそも、犬はムダなことをしないから、むやみやたらに咬んだりしないし、咬みつきたくて咬む犬なんていない。それなのに人間が、まったく無自覚に、そういう環境を作り出してしまっている。でも、そういう犬の気持ちに想いをはせられる人は、まだまだ少ない。僕はこういったことを、メイをはじめ、たくさんの犬と向き合うなかで教えてもらった。だから皆さんも、人間の子どもと接するのと同じように、犬の気持ちを考えながら、犬と幸せに暮らすための付き合い方、トレーニングについて、真剣に考えていくことをおすすめする。そうするべき時代なのだと思う。

## 「今」を生きる犬たち

犬は、二歳児程度の知能しかないといわれている。だからなのか、人間のように、「ああすればよかった」とか、「なぜこうしなかったのか」とか、過去のことをいつまでも思い悩んだりはしない。また、未来についても、人間のように、「こうなったらどうしよう?」とか、「ひょっとしたら失敗するかも……」とは考えない。

犬にあるのは、「今」だけだ。今、目で見ていることから考える。人間の二歳児も同じだろう?

だから、犬たちは、飼い主が家に帰ってきたとき、今の喜びをストレートに表現する。シッポを振り、興奮して吠えて、飼い主に飛びついて甘える。犬たちにとって、そんな今が最高に幸せなのだ。だからといって、そのまま甘えさせてばかりいると、吠えることや飛びつくことが「良いこと」と学習してしまうから気をつけてほしいが……。でもそれだけ今に生きているということを理解してほしい。

でも、だからこそ犬は、過去に起こったどんな不幸も、乗り越える。

たとえば先ほど紹介したメイと仲良しの保護犬、ミニチュア・ダックスフントの〈ポッキー〉は、歯が全部なかった。

ことの経緯はこうだ。飼い主である独居老人の病気がひどくなって入院することになり、容態的にもう自宅に戻れない状況になったとき、親戚が飼い主の家の中を整理するために、便利屋さんを呼んだ。そしてその便利屋さんが家に入ったところ、なんと二頭のガリガリになった犬がリードでベッドにつながれたままそこにいて、その周囲にはウンチやオシッコが散乱していた。飼い主がいなくなって二か月間、つながれたままだからゴハンを探しに行くこともできず、自分の排泄物で食いつないでいたのだ。当然、保護したときは口の中がすごい匂いだったし、それだけでなく、ポッキーの歯茎は腐ってしまって歯も抜けかかっていたし、頬の皮膚に穴が開いていていた。

困った便利屋さんが依頼者に犬のことを聞いたところ、「愛護センターで殺処分してもらってきて」と言われたそうだ。幸い、便利屋さんが〈DOG《ドッグ》　DUCA《デュッカ》〉に連絡を入れ、こちらもすぐに保護して、病院に連れて行くことができた。結局全部の歯を抜くことになったが、命に別状はなかった。肉食である犬にとって歯は肉を咬みちぎるためにあるもので、歯がなくても、生肉じゃなければ食事もとれることも幸いした。ポッキーは保護していたメイなど、ここの保護犬たちとすっかり打ち解け、元気に遊び回るようになった。残念ながら昨年、保護してから七年で息を引き取ったが、どんな相手でも臆せず寄っていく人なつっこい犬で、病気になっても最後まで頑張る強い犬だった。

ポッキーと一緒に保護した、ラブラドール・レトリーバーの〈プリッツ〉は、力が強かったこともあり、リードがつながれていた状況を抜け出そうと激しく動き回ったせいか、首輪のあたりの毛がはげてしまい、保護したときには肌が完全に露出していた。人間に見捨てられたのだが、人を恨むようなこともなく、どんな人にもなつき、大きな家を持つ歯医者さんの家に里子としてもらわれていった。そこでは、プリッツのために、庭と自由に行き来できるような扉がついたプリッツ専用の部屋を一部屋用意してもらい、まったく動けなかった、保護されたときとは真逆の、内に外にと自由に動き回れる生活を送っている。

昨年保護した、トイプードルの〈ホープ〉は、保護したときにはすでに鼻の部分がなくなっていた（！）。病院でみてもらったら治療の跡もなかったから、おそらく飼い主に傷つけられたか何かだろうとのこと。性格は人なつっこく、歳も若いので譲渡には問題なかったが、皆「かわいそう」とは言ってはくれるものの、その見た目で、里親になるのを断られることも多かった。それでもホープは誰にでも寄っていき、以前ここで里親さんになってくれた方が、そんな姿を見て「かわいい」と、同時期に保護した〈クレール〉と共に迎え入れてくださることになり、先住犬と一緒に、今は幸せに暮らしている。

このように犬たちは、人間から見たら「かわいそう」と思える状況でも受け入れ、新しい環境になれば昔のことをいつまでも引きずらず、「今」に順応していく。僕は「今」しか考えてないところは犬と同じだが、ウソをつかれたとか、裏切られたとか、そんなことを案外根に持つ。いや、人間というものはそういうものかもしれない。

それが極端に行き過ぎると、最近よくある「親に仕事のことで説教されたから殺した」みたいに、ささいなことでも大げさに恨みを感じて、それを解消しようと他人を傷つける事件になったりするのだろう。しかし、こんなことをするのは人間だけだ。犬たちは、自分たちが捨てられたとしても、恨むことはない。これは、「殺処分」される犬ですらそうだ。殺処分される直前まで、飼い主が迎えに来ることを待ち続け、人が入ってくる入口をずっと見続けていた犬もいる。そういった犬たちは、人間のように「なんで迎えに来ないんだよ！」とか「なんで自分だけこんな目に遭わなきゃいけないんだよ！」と怒ることもなく、ただ純粋に、待つ。時には、飼い主の感情を読み取って、死ぬまで言われたとおりにお利口にしている犬もいる。人間とは残酷な生き物である。

こんな仕事をしていると、人間の本性が見えて、気持ちが暗くなることがよくある。飼育放棄していった飼い主が、せいせいしたという顔でここを出て行くときもそうだし、自分の飼い犬なのに、まるでかわいそうな捨て犬を拾ったみたいなウソをついて犬を捨てていく人もいる。何をしても意味がないので、こういう人たちをどうこうするつもりは僕にはない。「二度と飼うな！」と言うだけだ。それよりも、その犬たちが「ここに来てよかったな」と思えるようにできるだけのことをするし、その犬《コ》を幸せにしてくれる里親さんを見つけてあげたいと思う。でも、モヤモヤした気持ちが残るのは事実だ。

飼い主に叩かれていた犬、ゴハンをあまり食べさせてもらえなかった犬、散歩もまったく連れて行ってもらえなかった犬、病気がそのまま放置された犬、まったくシャンプーもされず汚いままだった犬――いろんな犬がいた。ひどい場合だと、生まれてから一度もシャンプーされておらず、毛がすべて固まってしまい、バリカンを入れると、まるで一枚の皮をめくったような毛のかたまりなることもある。

でも、どの犬も、犬は他と比べたりしないからというのもあるだろうが、飼い主のことを恨んだりしない。ここに連れて来られた現実を受け入れて、前だけを見ている。飼い主と別れを惜しむ犬は、ほとんどいない。その姿を見ると、そのモヤモヤも少しは晴れる。犬が、幸せになる道を自分で選ぶからだ。

ボーダー・コリーの〈ジェシー〉も、はじめはモヤモヤしたケースだ。子どもができない夫婦が、子ども代わりに犬を飼ったが、旦那さんが犬アレルギーだったことが判明し、さらに奥さんの妊娠が発覚。犬を飼うことで精神的に落ち着いて不妊治療していた夫婦の間に子どもができる、というのは珍しいことではないが、この夫婦の場合、旦那さんが犬アレルギーだったので、子どもにも「アレルギーが遺伝するかもしれない」と考え、まだ飼ったばかりの、生後四か月のジェシーを飼育放棄した。まだ子どもが産まれたわけじゃないし、そもそも子どもの頃から接していればアレルギーが治るケースもあるし、なにより、「子どもの代わり」の存在と言いながら、結局は捨てるのなら……厳しい言い方かもしれないが、自分の気持ちを満足させるための「代用物」でしかなかったのだ。

ジェシーは、まだ若く、元は牧羊犬で現代ではスポーツドッグとして活躍している犬種なため、どうしても運動量が必要で、元の飼い主と同世代の夫婦に里親さんになってもらったが、それまでと打って変わり、家の近くのドッグランで毎日遊んでもらっているらしい。〈わんわん保育園〉にも毎日のように来ており、人なつっこい性格で自分から人間に寄っていくので、お客さんにここで暮らしている犬だと思われているくらいだ。

ここで保護した犬たちは、新しい里親さんのところに喜んで行く。

ジェシーも、新しい里親さんにすぐ順応し、里親さんがお迎えに来たら、それこそ一メートル以上ある柵を乗り越えて、里親さんに文字通り飛びついていく。一時的にとはいえここで保護していただけに、そういった姿を見ると淋しく感じることもあるが、それでも、里親さんと幸せになってくれている姿を見ると、モヤモヤは一気に吹き飛ぶ。これは僕だけでなく、ここのスタッフ皆が感じていることだ。

犬たちは、「今」幸せであることを、全身で表現する。だから、犬を見ていれば、幸せかそうでないかはすぐわかる。だから、飼育拒否で犬を連れて来た人の面談をするとき、犬を見れば、飼い主との関係が修復できるのか、できないのかはすぐわかる。犬が飼い主に愛情を感じていれば、離れようとはしないからだ。

犬の寿命は人間の五分の一から七分の一くらいの短い間しかない。

だからどうか、犬たちの「今」にしっかりと向き合ってくれたらなと思う。

## 犬は飼い主を選ぶ

僕たちは「譲渡会」をしない。

ここには、保護犬を「譲渡会」で引き取ったけど、「思っていたのと違った」と言って犬を連れて相談に来る人もいるし、なかには保護犬なのに飼育放棄されることもある。ネットで調べた団体に選んでもらい、とくに審査もなく送ってもらった、という人もいる。時には、犬を飼ったことのない若い夫婦が、人慣れしていない野犬を引き取っていることもあった。そういう人たちの相談を受けていると、ドッグトレーナーとしては、「なんでこの人がこの犬を保護したの？」と思うケースも少なくない。

今は、社会に動物愛護が浸透する過渡期だから、いろんな考え方、いろんなやり方が生まれるのは仕方がないとはいえ、僕たちはこの現状に疑問を感じてもいる。

「保護犬ブーム」のおかげで、「保護犬を飼いたい」と言ってくる人は増えた。だけどそのなかには、「タダで犬が飼えるから」とか「かわいそうだから」とか、そんな理由の人も多い。僕たちは、そういった軽い気持ちで来る方には、お断りをしている。軽い気持ちで飼うなら、ペットショップと同じだからだ。それなら、保護犬じゃなくてもいいじゃないか。ペットショップの子も売れ残ってしまってはいけないし、好き嫌いは別として、ペットショップが中心の現状が変わらない限り、ペットショップで生命を買うことすべてを否定することもできない。本音としては、デュッカのブリーダーさんのように、一犬種だけ専門的にやっていて、「こんなに大切に育てているんだ」と飼っている環境を喜んで見せてくれるような、信頼できるブリーダーさんのところで買ってほしいが……。

「とにかく殺処分だけは避けたい」と、保護して譲渡して、保護して譲渡してをくり返していかないと回らない、だから譲渡会が欠かせないという意見もある。殺処分ゼロを謳う自治体でも、病気になっても何もしないところもある。だけど、なんのための保護でなんのための譲渡なのか？　譲渡会をやる方も、頭数をそろえるために、ブリーダーやペットショップから直接「売れ残りを仕入れる」団体もある。そんな状況で、目的が殺処分をなくすことだけでいいのだろうか？　それを「愛護」と言っていいのだろうか？
たとえばここ、名古屋市では、犬の殺処分はゼロになった。しかし、そういったことを知らず、「愛護センターに連れて行くと殺処分されてしまうから」と、僕たちのような愛護団体に直接連れて来る人も今は多い。〈ＤＯＧ　ＤＵＣＡ〉のように、愛護団体の方が愛護センターよりも引き取り数も里親への譲渡数も多いということもある。これは日本全国で起きていることだ。

愛護団体の存在はネットで調べればすぐわかるから、本当に気軽に飼育放棄の相談というか依頼がある。そしてたいがいの人が、捨てて行く。

だったらなおさら、「引き取りたい」という人にはどんどん譲渡すればいいじゃないかともいわれるが、僕たちはそうじゃないと思う。なぜなら、僕たちがしているのはあくまでも、「人と犬のより良い共存」のための活動であって、単に生命を救うだけで終わりの仕事じゃないからだ。

生命を救った上で、その犬に幸せになってもらうことはもちろん、犬を飼うことで人間も犬も幸せになってほしい。それは、僕が単に動物が好きだからとかじゃなく、デュッカに出逢って、僕自身が犬と暮らす幸せを感じ、そして人としても成長してきたと、身をもって実感しているからだ（まだまだ成長は必要だけど）。

だからここ、〈ＤＯＧ　ＤＵＣＡ〉では、犬だけではなく、人間も幸せになれるかを考える。「この人なら！」という飼い主さんであれば喜んで譲渡するし、譲渡しても「この人じゃダメだ！」というときは、返してもらってまた新しい里親さんを見つける。保護犬が何度も脱走するような里親さんなんて最たる例だ。居心地がよければ、脱走なんかしない。

僕が譲渡会をしないもうひとつの理由は、飼育放棄の相談であっても、里親になりたいという人であっても、最終判断は犬に任せることにしているからというのもある。犬は、言葉を話せない。だけど、感情はある。本当にその人と暮らしたいのであれば、必ず飼い主なり里親なりの方に歩いていくのだ。

もちろん僕たちにも責任があるから、本当にその人が、その犬を飼い続けられるかどうかは事前に僕たちの方で判断する。犬に愛される人であっても、離婚したばかりでこれから生活がどうなるかわかりませんという人には少なくとも今は譲渡できません、落ち着いてから来てくださいと言う。ムリして犬を飼っても、犬にも人間にも、いいことはないからだ。

動物愛護団体の、里親になるための事前審査に対して、「こんなことまで聞くの？」という批判があることも知っている。だけど、生命あるものの将来を、安易に決めたくないということはわかってほしい。実際に、「この人なら大丈夫だろう」と思ったけどダメだった、なんてことは山ほどあるのだ。ヒカルだって大丈夫だと思ったけどそうじゃなかった。それは知り合いだから大丈夫ということでもなく、お金があるから大丈夫ということでもない。愛護団体によっては「収入」を聞くことがあるが、僕自身は、お金があっても捨てる人は捨てると思っているので、そこは重視しない（だいたい、お金がありそうかどうかなんて、乗ってくる車とか格好を見ればわかるものだ）。

あくまでも僕たちは、「人と犬のより良い共存」ができるかどうかという視点で、家族環境がどうとか、希望とする犬にとって必要な環境を用意できるのか、この人は愛情を持った人なのかということを見る。これまで飼っていたのが小型犬なのに、大型犬を、というわけにもいかない。だから、今いる保護犬の犬種だけじゃなくて、いくつくらいの子どもがいるとか、どんな先住犬がいるのかとか、それに合うような保護犬はどの犬《コ》なのかを考えて、こういう犬《コ》がいて、こういうことに気をつけないといけないですがどうですかと提案し、良ければ引き合わせる。とくに、飼い主が亡くなったという犬《コ》は人慣れしているのですぐに譲渡できることも多いが、「問題行動がある」などの理由で飼育放棄された犬《コ》の場合は、社会性がまったく身についていないので、じっくりと付き合い性格を見たりトレーニングをしたりしながら、この犬《コ》にはどんな里親が合うのだろうかと常に考えて、良い出逢いを待つ。だから、里親のもとに行くまでに、ここで長いこと面倒を見ることもある。
もちろん、お金も手間もかかる。でも、「人も犬も幸せになる」ためには大事なことなのだ。
なによりいちばん大事なのは、生命に対して深い愛情を持っている人かどうかということ。

これは、僕たち人間の判断だけではわからないこともある。児童虐待でもありがちだが、ぱっと見、真面目そうな人なのに、全部犬のせいにして飼育放棄していく人もいる。離婚してシングルマザーになって子どものためにいろいろ頑張っていると語りながら、犬はガリガリで栄養失調になっていた人もいた。動物が好きでも、あくまでも自分になつく動物しか愛せない人もいる。一度会っただけでは人間はわからない。人間は判断を間違う。だから僕は、最終判断を犬に任せる。

犬は、愛情深い人かどうか、直感で理解する。人間みたいな色メガネも書類審査も必要ない。飼育拒否の面談でも、愛情がない人には、いくら長年一緒にいた飼い主であっても、犬は寄っていかず、初めて会ったはずのこちらの顔を見る。体罰が日常的に行われていたりして、飼い主に対しての信頼が完全になくなっているのだ。そういう場合は、その飼い主にさっさとお帰りいただく。話したところで、「犬が悪い」としか言わないし、こちらがこの犬《コ》はこういう理由でこうしているんだと説明しても、自己弁護に終始する。時間のムダだ。そんなことより、この犬をどうやったら幸せにできるか、どんな人が里親になったらいいのか考えた方がずっと有意義だ。

犬は本当に、相手によって素直に態度を変える。里親希望の方の面談で、僕が「この人に譲渡していいかどうか……」と迷うときは必ず犬に選ばせるが、そういうときは決まって、犬は寄って行かない。逆に、愛情がある人には、犬はスッと寄って行く。まるで、自分が行く場所がわかっていたかのように……。

兵庫県から名古屋まで来たマルチーズの〈ブッチ〉もそうだった。ひとり暮らしの高齢者に飼われていたが、その方が亡くなり、血縁の人が愛護センターに相談したら殺処分と言われるし、知り合いを当たったけれどどうしても飼えないのでここに連れて来られた。いちばん身近な大事な人を亡くすということを経験した、とても愛情をかけて育てられたことがわかる犬だ。そんなブッチは、突然ここに来た、新しい里親さん夫婦のもとで暮らすことが決まった。その方は、飼っていたマルチーズを亡くしてしばらくペットロスになっていたが、あまりにも気持ちが落ち込んでいる奥さんのために、旦那さんが探してきた名古屋での大きな譲渡会目当てに、はるばる和歌山からやって来られた。しかし、譲渡会で良い出逢いがなかったので〈DOG　DUCA〉にやって来たのだ。話していて、本当に愛情が深い方なのでブッチを引き合わせたところ、ブッチもスッとその方たちのところに寄って行った。僕たちはすぐにブッチのシャンプーをして、新しい首輪とリードを作り、ドッグフードやオヤツなどをたくさん持たせて里親さんに譲渡した。近くの人に譲渡するなら、保育園やトリミングに来てもらって会うこともできる。でも、和歌山では……だから僕たちにできる最大限のことをして、送り出したかった。その後、里親さんからは、ブッチが家でくつろぐ写真を送ってもらった。ブッチは、自分が幸せになれる場所を、自分で選んだのだ。僕たちはその手伝いをしただけだ。

犬は、自分の運命を自分で決められるとき、絶対に選択を間違わない。だからこそ、「不幸な犬」が生まれるときは必ずといっていいほど、犬たちの運命に人間が関わっているのだ。そういうのを見れば見るほど、「犬は悪くない」という想いが強くなるのもわかっていただけるだろうか？

## 弱い者がいつも犠牲になる

ＮＰＯ法人〈ＤＯＧ　ＤＵＣＡ〉は、保護活動で有名ということで、いろんな人が手伝いに来てくれる。とくにペット業界で働いた経験のある子なんかは、闇の部分を見てきたからこそ、「本当に犬のためになることをしたい」とボランティアで手伝ってくれたりしている。保護犬が何十頭といるので、散歩してくれるだけでも、本当に助かる。

みんな、いろんな経験をしてここに来るので、僕が知らない話、ウワサだけで聞いていた話も生々しく教えてくれる。たとえば、ペットショップの「売れ残り」について、冷凍庫に入れて殺す「冷凍処分」というのが当たり前になっている店（しかも全国チェーン！）も本当にあったようだ。実際、我が家の二代目看板犬であり、輸血犬として動物病院で献血したりする、エアデール・テリアの〈レイリー〉は、半年経っても売れず冷凍処分されそうになっていたところを、見かねたペットショップのスタッフが連れ出し、その地域の愛護団体から獣医、そして相談を受けたエアデールテリアクラブ オブ ジャパンの尽力で、飛行機に乗ってここに連れて来てもらった経緯がある。エアデールは大型犬なので、生まれたてならいざ知らず、生後半年にもなれば体重は十五〜二十キロになることもある。そんな犬が、一〜三キロの子犬たちが並ぶ店で、売れ残ってもなんら不思議ではない。だからといって、「冷凍処分」なんて残酷な！

でもこれが、一頭だけではないのが現実。

別のペットショップで働いていた子は、販売マニュアルに「抱っこさせたらこっちのもの」というようなことが書いてあると教えてくれた。ペットショップは、小さくてかわいいうちに販売したい。その方が値段も高く売れるし、「在庫」が早くはけるからだ。でも、必ずしも人気犬種だけを取り扱うわけにもいかず、でもやはり人気犬種ばかりが売れ、結果として人気のない犬種ほど売れ残る。そうならないためにも、ちょっとでもその犬のことが気になった人がいればとりあえず抱っこさせて、情をわかせて売るのだと。そうしないと、売れ残って、結局「殺処分」されてしまう……そういった犬のための想いがあるとはいえ、心苦しかったと。だから、生体販売をするペットショップで働くのが続かない人も多い。

今は昔と違って、生体販売を禁じる国があることが知られ始め、ペットショップが守る基準が厳しくなってコストが増えて犬自体の値段も上がってきたから、日本でも、生体販売自体がどんどんしにくい時代になってきた。安易な気持ちで飼う人も少なくなってきているとはいえ、それでもやはり、売る側のなかには、どんな病気を持っているかわからない犬を安い値段で仕入れ、驚くほどの安い値段で販売することもあるし、買う側も、何も考えずに「かわいい」だけで、どんな犬か、どんな性格なのかを考慮しない人は多い。そして、「こんな犬だなんて聞いていない！」と、返品感覚で、ここで文句を言いながら飼育放棄をする。これでは、犬も飼い主も不幸だ。出逢わなければよかった出逢いというものがあるのだと、思うこともある。「淋しいから飼った」という人も、とくに高齢者の方に多い。だが、面倒を見切れなくなって手放すことも少なくない。

愛護団体には、「何歳以上の高齢者には譲渡しない」と決めているところもある。「何か」

あったときに動物が不幸になるのを防ぐためだ。その気持ちはよくわかるが、僕は、保護犬たちを連れて老人ホームなどにアニマルセラピーにも行き、専門学校でも教えてきた経験から、高齢者が動物を飼うことに反対はしない。むしろ、高齢者が犬や猫と暮らすことで、持病が落ち着いたり、散歩することで高齢者が元気になったりすることもある。保護犬は高齢なことも多く、運動量が少なくてもいいため、高齢者の生活と合うというのもある。

しかし、先ほども紹介したポッキーやプリッツのように、飼い主にいつ何時《なんどき》何が起こるかわからないのも事実。そのときに、残された家族が面倒を見てくれればいいが、そういった家族が「面倒見られない」と連れて来ることは驚くほど多い。しかも、そういう家族に限って、「犬が嫌い」なのだ。だから、ここで犬を引き取った後、せいせいしたという顔で帰って行く。高級車に乗ってブランド物の服を着て、どう見ても生活にゆとりがあったとしても、こちらが「親御さんの大事にしていた犬だから、日中は〈わんわん保育園〉に通わせて、寝るときだけおうちで寝させてあげては？」とお願いしても、子どもがいるからとか、忙しいからという理由で捨てて行く。

彼らにとって、犬は「物」なのだ。生命じゃない。

僕も、淋しくてデュッカを飼った手前、「淋しいから」で飼うなとも言えない。

でも、犬を「家族」と言うのであれば、万が一自分が死んでも、残された家族のことを人間と同様に考えてあげておいてほしい。犬は言葉を話せないのだから……。今なら遺言書とまではいかなくても、エンディングノートや、ペットを飼っていることを証明するカードもある。自分になにかあったときのための準備をしてほしい。

ただ、犬を飼うことは、飼っていない人には想像がつかないほどのお金や手間がかかることなので、口約束で「頼む」ということだけはやめてほしい。僕は、保護犬を通じてたくさんそういったケースを見てきた。

親から多額の遺産をもらっていても、親が大事に飼っていた犬はタダで捨てられる愛護団体に置いて行く、そんな子どももいるのだから……。

お金や離婚、引っ越しなど、人間の環境の変化が動物の運命を決めることも多い。たとえば、二〇〇八年、あの「リーマンショック」が起きた年。この時、保健所や動物愛護センターへの持ち込みが三倍に増えたらしい。

犬に限らず、動物を飼うのは、経済的ゆとりがないと難しい。しかし、何が起こるかわからないのが人生。そして、何かあったときに犠牲になるのは、まず動物たちだ。これはなにも今に限ったことじゃない。いつだって、立場の弱い者が犠牲になる。

よくあるのが、先ほど紹介した、高齢者に何かがあったとき。ほかにも、引っ越しシーズンも飼育放棄が一気に増える。それと、意外かもしれないが、「離婚」も飼育放棄される大きな理由となっている。

僕も離婚経験があるのであまりエラそうなことは言えないが、離婚は増える一方だ。結婚する前から犬を飼っていたならもめることはあまりないが、結婚してから飼った犬が、離婚を機に飼育放棄されるということは、よくある。離婚をすると、おもに女性の方が経済的に苦しくなる。しかし、ペットを飼いたいというのは女性からということが多い。子どもができないから代わりに犬を飼ったという人もいる。しかし、離婚をして、経済的に苦しくなってくると、結婚してから飼った犬ほど飼育放棄に至る。子どももいて、養育費ももらっていないなど、同情の余地のあるケースもある。今まで一つの家計だったのが二つになるのだ、大変じゃないわけがない。僕も、離婚してからしばらくは、養育費もちょっとしか払えなかった。お金は、簡単には増えない。だから、犬が飼えない……。

ただ「犬のプロ」として僕が一つだけ言えることがある。犬は、今の環境を受け入れる能力があるということだ。だから、与えられた仕事をまっとうする警察犬や盲導犬のような、人の役に立つことを生き甲斐とする犬もいるのだ。普通に飼っているペットでも、飼い主の環境が変わったことは受け入れるし、たとえ留守番が増えても、飼い主と離れるよりはずっと幸せを感じていられる。犬にとっては飼い主がすべてであり、飼い主のそばにいることが幸せなのだ。だから散歩が夜遅くになっても、週末にしかたくさん遊んであげられなかったとしても、飼い主と一緒にいることが、犬にとっては幸せなのだ。だから、とくに長年一緒に暮らしてきた犬であればなおさら、できるだけ頑張ってほしいと伝えることにしている。僕も、デュッカとそうしてきたから……。引っ越しだってそうだ。「転勤先の社宅がペット禁止だから」と言う人も多いが、ほかを探せばペット可の物件は絶対にあったはずだ。社宅より不便でも家賃が高くても、「家族」と暮らせるような努力がほしい。お金がなくても、愛情はかけられるはずだ。

もっとも現実はそう甘くなく、それでも「ムリなんです」と捨てられる犬が多い。僕たちは、そういう犬たちには、もっと幸せにしてくれる里親さんを探す。何も悪いことをしていない犬が犠牲になるのもおかしいからだ。

離婚とは逆に、結婚したことで飼育放棄されることもある。奥さんが結婚前に飼った犬が旦那さんになつかず、奥さんの妊娠が発覚し、「犬が子どもを咬んだらどうするんだ！」と言われた奥さんが、泣きながら犬を連れて来たこともあった。奥さんが事情を話している間、いい人そうに見えた旦那さんは「さっさと捨ててこい」とばかりに出口でイライラしながら待っていたのが印象的だった。そんな態度だから犬も警戒して咬むんだけれど、当然のことながら「犬が悪い」と思っているので、咬まないようにするトレーニングなんてアドバイスは受け付けるはずもない。

ほかにも、男の人と一緒に八年間も一緒に暮らしてきた犬が、結婚することになった奥さんが犬嫌いだからと、ある日突然ベランダに出されて、犬が吠えだしてしまい「近所から苦情を言われるから」と飼育放棄されたこともある（その状況ならどんな犬だって淋しくて吠える！）。

でも、お金とか、引っ越しとか離婚とか、そんな理由はすべて建前だ。いつだって、犬・・・の気持ちを後回しにする飼い主がいるということだ。

こういった弱い存在の生命を守れる「強さ」が、飼い主になる以上必要だと思う。

## 無知な人間が、人も犬も不幸にする

犬は、社会的な動物なので、人間と同じように、家族などの小さな社会から、他者への接し方を学んでいく。だから、子犬をすぐに引き離すことは、犬の社会性を身につける大事な時期をなくしてしまうようなものだ。実際、僕がドッグトレーナーとなって、「言うことを聞かない！」などと言ってくるお客さんの連れてくる犬は、いずれも、生後すぐに親兄弟から引き離されたことが容易に想像できる犬で、他の犬に対しての距離感、人間に対しての接し方がまったくわかっていなかった。第二章でも話したが、今では規制が厳しくなって禁止されたものの、以前は夜中まで電気に照らされた小さなショーケースで普通に動物が販売されているような状況で、産まれてすぐの赤ちゃん犬も販売されていた。そんな犬が、何も知らない飼い主のところに行き、問題が起きないと思えるだろうか？　犬は生き物である。感情もある。正しい接し方をしなければ、正しく育つハズがない。だけど、そんなことは後回しにされるのが現実だった。売れればよかったのだ。僕の目から見て、ペットショップでの環境は以前よりは良くなったとはいえ、それでも犬や、犬をこれから飼う人にとってベストな環境とはいいがたい。

今、飼育放棄される犬たちは、かなり安い値段で買った犬か、店頭でのローン契約で買った――つまり衝動買いで買われた犬がほとんどだ。もちろん、同じ条件でも、問題なく飼えている人たちもいる。でも、そういう人たちは、愛情深い人も多いし、動物を飼うに当たっていろいろ調べたり、身近に聞ける人がいたりすることも多い。どういった犬種が自分たちの生活に合うのか、どれくらいのお金や手間がかかるのか。それを知っているだけでもだいぶ違う。とにかく、何も知らない同士が一緒になるのは、最大の不幸だ。

人と犬、双方の幸せを考えたら、ペットショップでの生体販売はなくなっていくべきだろう。実際、生体販売を止めるショップも現れてきたし、今後も増えていくはずだ。

だからといって、全部の生体販売がいきなりなくなるとは思えない。だから僕は、どうしても生体販売を続けるのであれば、狭いショーケースとかではなく、もっと動物にとって快適な環境をつくり、知識のある人が、信頼の置けるブリーダーのところの、社会性を身につけた成犬を販売するべきだと考えている。もちろんそうなると販売価格が高くなるし、「かわいい子犬」じゃないから売れにくくなるが、それは仕方ないと思う。そもそも、人間の心理として、簡単に手に入るものは大事にしないものだ。だから、はじめから「動物を飼うのはお金がかかる」という高いハードルがあれば、病院に連れて行ったり、普段から大切にしたりするようにもなるだろうし、簡単に捨てる人が安易に飼うことは少なくなるだろう。

しかし、残念なことに、ちゃんとやろうとすれば、お金がかかる。だから、ちゃんとやっているのに、それで廃業するブリーダーもいる。

以前は、問題のある犬を売らない（儲からないとぼやいていたが）、売ってもちゃんとショップに説明して卸すブリーダーが当たり前にいた。しかし今は、「簡単な金儲け」の手段としてブリーダーを始める人もおり、純血種のブリーダーがやっていた、「犬種の役割を果たせる性格を踏まえた交配」「遺伝的に問題が起こらない交配」「弱点を補い合う交配」「人になつく穏やかな犬同士の交配」がなされないまま、生まれて間もない子犬が、犬の業者向け生体オークションに出されることが増えた。犬のことをよく知らない人が、動物を狭い環境に押し込め、虐待同然で多頭飼育している子犬工場《パピーミル》もある。見た目だけしか考えず、良い交配どころか、悪い交配を続ける無知なブリーダー、とにかくたくさん売れればいいと母犬がボロボロになるまで出産させ、売れなくなった犬は市場に出す前に処分する悪徳ブリーダーもいる。そんな状態の犬が、ペットショップに流れて来る。でも、そういった犬は病気などの理由で死ぬ確率が高いから、ショップはそれを見越して、はじめから損益分を乗せた値段を付けて売る。でないと、商売としてやっていけないからだ。もちろん、氏素性のわからない犬だから、どんな性格か、どんな先天性の病気があるかは売る方もわからない。すべてではないが、そんな現実が、今もある。もちろんこれは、犬に限ったことではない。

そもそも、ちゃんとした知識を持つブリーダーやペットショップばかりであれば、飼育放棄される不幸な犬も、今よりずっと少なかったのではないかと思うことも多い。くり返しになるが、僕の愛犬デュッカは、ちゃんとしたブリーダーさんのところの犬だったこともあり、性格的に穏やかになるような交配がなされ、しつけらしきものはまったく必要なく、散歩中に他の人から「犬のことでこんなに困ってる」と聞いて驚くほどだった。

犬は人間よりも遺伝がダイレクトに出る。親犬やそのまた親犬をたどって見ていけば、遺伝的に病気が起こる犬、性格的に咬みつきやすい犬はわかるのだが、今や、それがどんどんわかりにくくなってしまっているのが現実だ。そして、そういったことを何も知らないで売っているのをよく目にする。犬のプロじゃなく、アマチュアが増えているのだ。

たとえば、ここで終生保護しているミニチュア・ダックスフントの〈ミルク〉は、ダックスなのに毛がまったくない。それは、スムースダックスと呼ばれる、あまり毛が伸びない犬種だからというわけではなく、ニキビダニ（アカラス）が異常繁殖し、激しいかゆみや脱毛症状が出る「アカラス症」という皮膚病のせいだ。この病気は、人はもちろん、他の犬に感染することはないが、成犬で発症している場合は、一生投薬と週一回などの高頻度での低刺激シャンプーが欠かせない生活となる。ミルクは、元の飼い主がペットショップで買ったものの、世話ができないからと、ゴハンをあげる以外は何もしなかったため、ミルクが病気になっていることに気づかなかった。実はアカラス症は、子犬の頃にステロイド剤を投与することで完治する病気なのだが、僕たちが保護したときにはすでに手遅れの状態となっていた。でもこれも、無知なブリーダー、ペットショップがミルクを売ったからこそ起きた不幸なのだ。

基本的にアカラス症になりそうな犬というのは、知識のあるブリーダーならわかる。というのも、母親がアカラス症を持っている場合、産まれたばかりの免疫力のない子犬が濃密接触をすることで、子犬にもアカラス症が出てしまうからだ。だから、母親がそうだったら、ブリーダーはその子犬を販売しないか、継続的な治療が必要である旨を伝えて譲渡する（売りはしない）。しかし、今は、そういったモラルも知識も乏しいブリーダーもいる時代。それがそのまま、生体オークションに出され、遺伝的な部分や病歴はなかったことに《ロンダリング》されて、ペットショップで販売される。それでも、店側や飼い主が早めに異常に気づいて治療すれば完治するチャンスはある。だけど、知識もなく、商品としか考えない店、犬のことをよく見ていない店は、そこに気づけず、ミルクのようになる。

ミルクは、保護時にはアカラス症からの二次感染で、「膿皮症」にもなっており、あまりのかゆみに身体中を噛んでむしり、包帯を巻いても、自分でほどいてかき続けるから血まみれになることもあった。いろいろな治療をして、なんとか落ち着きはしたものの、全身の毛がなくなって、死ぬまで、投薬やこまめなシャンプーが必要な生活になってしまった。そんな状態なので里親さんに譲渡することもできず、ここで一生暮らすことになった。

ミルクのような犬を見るたび、ブリーダーに知識があれば、売る側に知識があれば、飼った方もおかしいと感じたら知識のある獣医に診てもらえば……そんなことを思う。人間の場合は、親だけでなく医師や教師などたくさんの大人が子どもを見るから、問題があれば早めに気づくことができる。言葉も通じるから、子どもが伝えてくることだってあるだろう。でも、犬の場合は、言葉が通じないし、獣医などの専門家にかからない場合は、飼い主しか気づける人はいない。犬のことをよく見ていないと、一生の病気になるかもしれないというのに……。

そういったことを知らない人、考えない人が、生命あるものを売り買いしている……だから僕は、こういうことが早くなくなっていってほしいと強く思う。そして、学んでほしいと思う。

もちろん、どれだけ学んでも、愛情がないと飼い続けるのは難しい。

人間の介護でもそうだが、子犬とは違う意味で、高齢犬、病気のある犬は手がかかる。だから犬に限らず、生命ある動物を飼うときは、そうなっても面倒を見ていけるかを考えた上で飼ってほしい。そして、人間よりも短い彼らとの時間を、とにかく大切に、実りあるものにしていってほしいと思う。

それが彼らの幸せになり、人間の幸せにもなる。

それこそが、生命の短い彼らが、僕たちに教えてくれることだから——。

# 終　章　〈生命《いのち》〉を大事にするということ

僕は今、学校などに行き、「生命《いのち》の授業」をさせてもらうことがある。

そこで僕がいつも伝えているのは、「自分の生命を大事にしてほしい」ということだ。僕は、ツラいことがあっても、失敗しても、常にまっすぐ前を向いてやってきた。だから、導かれるように、次へ次へと道が開けていき、多くの生命を救えるようにもなった。

でも、ひとくちに「生命を大事に」と言っても、教科書に書いてあるような「お題目」を唱えたところで、それが実現できるわけではない。生命を実感してこそ、得られるものだからだ。

だから僕は最後に、僕自身が、生命を大事にしなければと感じたことをお話させてもらいたい。そして、少しでもそのことを感じていただけたらと思う。

## なぜ、「生命が尊い」のか？

僕が、「犬の仕事」に関わるようになって、〈生命〉というものを強く意識したのは、前にも話したように、ブリーダーさんのところでの出産の立ち会いだった。

そのときまでの僕は、愛犬デュッカもまだ子犬だったし、動物の生や死というものをまったく意識せず過ごしていた。でも、ブリーダーさんのところで何度も出産の立ち会いをさせてもらい、僕自身が取り上げることもさせてもらったなかで、犬一頭がこの世に無事に産まれてくることだけでも、とんでもなく大変なことだということを知った。よく、「生まれることが奇蹟」という言葉があるが、本当にそうだった。

犬は動物の本能があるから、人の手を借りずに子犬を産むことはできる。でも、その場合、生まれることは生まれたけれど、死んでしまっていた、ということも少なくない。だから、人間が手を貸して、失われるはずだった生命を救う。動物の出産は文字通り常に生命がけだった。人間のように病院で産むわけではない。犬は本能が強く残る動物だから、人間と同じようにはいかない。母犬が生命をかけてまさに産まんとしている最中に余計な警戒心を抱かぬよう、普段から母犬との信頼関係を築く必要もあった。そうしなければ、出産直後、我に返って「見知らぬ人が来た！」と焦った母犬は、生まれた子犬を守ろうという母性本能が過剰になり、子犬を守るつもりで口の中に入れた結果食べてしまう、ということもあると聞いた。逆に、未熟児として生まれた場合は、自然界では生きられないからと、母親が子犬をかみ殺したり、育児放棄したりすることもある。未熟児の場合は仮死状態で生まれてくることもあるから、人間が何もしないと、その生命の灯火は消える。そんなことも少なくない。

だからたった一つであっても、生命を救うには、立ち会う人間側に知識や技術、経験も必要だった。それでも、救えない生命もある。「出産」とたったひとことで済ますのは簡単だけど、一つの生命が無事に生まれるだけでも、並大抵のことじゃないことなのだ。僕はそれを、犬の出産を通じて学んでいった。

僕自身も、デュッカの子や、保護した犬の子たちを何度も取り上げた。

なかでも大変だったのがチワワの〈ラン〉だ。ランは猫のボランティアさんから連絡があって保護した多頭飼育崩壊のうちの一頭だが、信じられないことに、飼い主は妊娠していたことに気づいておらず、僕が現場に行ったときに初めて妊娠、それも今にも産まれそうな状態であることが発覚し、実際ランは、ここに連れてきたその日の夜に産気づいた。

通常、メス犬は、年に二回生理と排卵が来て、そのタイミングでオス犬と交尾をし、その回数で妊娠する頭数が増えたりする。基本的に犬は多頭出産ではあるが、数が少ないと産道を通れないほど体が大きくなり、出産時に、子犬はもちろん、母犬の生命に危険が及ぶこともある。だからといって、簡単に帝王切開を選べない。なぜなら、帝王切開は手術のリスクはもちろん、母犬の「母性」が生まれにくくなることもあるからだ。人間の場合、手術して子どもを取り上げても、その子が自分の子であることを疑わないが、犬の場合、人間が手術して子どもを取り上げることで、子犬がお腹の中で死んだと誤認してしまい、自分の子どもだと思えずに育児放棄したり、最悪の場合、気が立った母犬が自分の子どもを咬み殺したりしてしまうこともある。だから、極力人間が関わらず、でも、必要に応じて手助けをする必要がある。もちろん、生命に危険がおよぶ場合は帝王切開も考えなければならない。頭が大きく産道を抜けられないことの多いブルドッグなどはその代表例だ。

チワワのランは、保護してすぐだったのでそのまま自然分娩になった。妊娠していたことに気がつかなかったから、食事の量も変えなかったのだろう。三頭生まれたが、どの子も母犬の体の大きさにしては小さく、最後に生まれたビオラは、他の兄弟の三分の一の、たった八十グラムしかない未熟児で、呼吸もなく、心臓も止まっていた。僕はすぐに心臓マッサージをし、口に入った羊水を吐き出させ、体を温め続けた。人間の出産と同様、犬の出産も、常に生死の狭間にある。だけど、人間に知識と技術があれば、消えかかった小さな生命を救うことができる。その結果、ビオラの心臓は動き始めた。一つの生命が助かったのだ！

それでも未熟児で生まれた以上、しばらく人の手が必要だった。ランは母乳が出ず、子犬たちも吸い付きが悪かったので、注射器でヤギのミルクをあげたりした。それでも、人の手が入りすぎると本当に母犬に母性が生まれなくなってしまうし、乳腺が張ってしまって良くない。子犬にとっても初乳には免疫力をつけるためのたくさんの栄養が入っているので、ランのお乳をマッサージしたり、ミルクを乳首につけて吸うようにしたりすることで、子犬が自発的に母乳を飲むように誘導した。人間の場合、医療もミルクも発達しているが、犬は本能に従って生きる動物だから、やり方はとても原始的になる。でも、あきらめずに、母犬と子犬が絆をつくれるように誘導してあげることで、母犬は母性を持つようになり、また、それによって子犬たちに社会性が身につき、健やかに育つようになる。こういったことは、母犬は子犬を産むための「機械」と思って、売れる子犬だけをつくる子犬工場《パピーミル》と呼ばれる儲け主義のブリーダーは絶対にやらない。出産のときに絶命する母犬や子犬は「廃棄」するし、オークションに出すまでに死んでもそれは「不良品」でしかない。そんな環境だから、生まれた子犬も社会性が身につかず、問題行動がある犬になりやすい。人間は母親だけで育児する必要はないが、犬はできるだけ母犬に育児させた方がよいのだ。

ビオラはその後、順調に育ち、母親のランと共に地域に住む里親さんのもとに行き、それからも毎月シャンプーしに来て、僕たちに幸せな姿を見せてくれている。

それにしても、母犬のランがもしあのままもとの家にいたらどうなっていただろうか？

飼い主が知らないうちに三頭の子どもを産み、そのうちの一頭（ビオラ）は誰にも助けてもらえず、出産時に羊水をのどにつまらせて死んでいただろう。もとの飼い主は優しい感じの人で、ペットショップで売れ残った犬をかわいそうと次々と買った。お店も、深く考えずに何回もローン契約させた。飼い主は同時に責任感を持てない人で、避妊、去勢をしていないから、想定外の妊娠が起きた。そして、十頭も飼えば散歩にも連れて行けず、一頭一頭の健康状態をチェックすることもなかったのだろう。妊娠に気づかず、子犬が生まれてから初めて妊娠していたことに気がつくことになったのだろう。そして、一頭は亡くなっていることにも――。

ビオラは、ここに来たことで助かった生命だった。母犬がきちんと散歩に連れられて運動していれば、妊娠に合わせて適正な量の食事を与えていれば、ひょっとしたらもといた家でも無事に、何事もなく生まれていたかもしれない。でも、そのいずれもされていなかった。たまたまここに来たから助かったのだ。これが保護するのが一日ずれていたら？　出産の知識がない人のところにいたら？　ビオラはこの世にいなかった――。

生死は、ほんの紙一重で別れる。

だから、生まれて来ること自体が奇蹟なのだ。

それは、「まさか」の連続ということだ。だから、「まさか」を考えることは、生命を考えることでもある。

ランのように保護したときに妊娠が発覚する「まさか」が起きることは、決して珍しいことではない。それくらい、飼い主が飼い犬に興味がないし、飼い主たちも「まさか妊娠するとは……」と平気で言う。だからこそ飼育放棄に至っているのだ。それがたまたま僕たちのところに来て、たまたま僕たちが出産に必要な知識と技術を持っていたからこそ生命が救われただけで、そうじゃなかったら？

でも、それは今も、日本全国、どこかで起きている。動物に関わる無責任な人たちがつくった現実だ。

だからこそ僕は、動物を飼う責任についてもっともっと真剣に考えてほしいと思う。避妊や去勢手術についてては望まぬ妊娠だけでなく、した方が将来的な病気のリスクを避けられるから僕たちは推奨している。でも、ちゃんと考えた上で、子孫を残すつもりがあってしないのならそれでもいい。僕もデュッカに子どもたちが生まれて嬉しかった。

でもそうではなく、ただ、「かわいそう」とか「お金がないから」と言ってしないのであれば、こういった現実があることにもきちんと向き合ってほしいし、ちゃんと手術をするべきだと思う。避妊去勢をしない多くの飼い主が、ランのような状態になって初めて、「まさか」と言って犬を連れて来るが、その、未来に起こるかもしれない「まさか」も考えるのが、責任ということだ。だから、「今さえ良ければいい」という考えは、生命に対して責任がないのと同じだ。

人間でも、同じじゃないか？

今に流されない、強い人間になってほしいと思う。

## 生命あるものと暮らすために必要なこと

ランのこともそうだが、最近、犬も猫も多頭飼育崩壊が止まらない。

ペットショップで買った犬や猫だけでなく、その辺で拾った犬や猫を、去勢や避妊をせずに飼っていたため交尾をくり返し、飼い主が面倒見切れないくらい頭数が増えて、大家から退去命令が出てしまうケースだ。

こういうとき、飼い主が「じゃあ、広いところに引っ越します」なんて言えば問題にならないが、少なくとも僕はそんな人の話を聞いたことがない。「追い出されると困るので犬を引き取って」と言う人ばかりだ。しかも、持ち家じゃなくて借家、ペット飼育が禁止されている市営住宅なんていうのも珍しくない。

そもそも、こんな状況になったのは、ペットの去勢や避妊を行わないからだ。犬はまだしも、猫なんて交尾したら百パーセント妊娠するので、犬以上にすぐ増えていく。そういったことを知らない人が、去勢や避妊をしないなんて、自分で自分の首を絞めているようなものだ。でも、そんな人が、本当に何人もいる。

「かわいそうだったから手術しなかった」と言う人もいるが、実際は、お金を理由に去勢や避妊をしない人も多い。体の大きさなどによって変わるが、一頭あたり、二万から五万円くらいするからだ。頭数が増えれば増えるほど、お金がかかる。結果、放置してしまって、どんどん増えて、面倒を見切れなくなる。そうなったらもう、手遅れだ。

こうやって、賃貸の大家さんや、市営住宅であれば行政から追い出される直前になったときには、犬の数が片手では数えられないくらいになっていることがほとんどだ。あまりにも頭数が増えすぎて、鳴き声がうるさい、ニオイがひどい、という苦情があって、「犬や猫を捨てないと退去させるぞ」となる。それでも一緒に引っ越すなら「かわいそう」という言葉もウソじゃないと思えるが、「追い出されると困るから引き取ってほしい」と言って来るくらいだから、「かわいそう」なんて言葉は、人間のエゴにしか感じられない。

実際、こういった環境にいる犬は、とても汚れている。犬は猫みたいに毛づくろいをしないのもあるし、猫のようにウンチやオシッコを同じ場所でする習慣が基本的にない（だから教える必要がある）。当然床や壁が汚れ、そこで生活する犬たちの毛にウンチやオシッコがこびりつき、洗えば水が黄色くなる。シャンプーもしていないので、たくさんの毛玉もでき、毛が固まって皮膚を引っ張ることもあり、痛くて、体を動かすこともできないケースもある。それは、「かわいそう」じゃないと言えるのか？

そんな状態だから、周囲に匂いが漏れるのは当然だ。頭数が多いのでボランティアさんに手伝いに来てもらったことがあるが、玄関を開ける前からひどい匂いがして、中に入った瞬間、あまりの匂いに吐き気をもよおしていた。服や靴にもすぐに匂いがついてしまう。

しかし、信じられないことに飼い主はそこで生活している（家の中は土足だ）。中学生の子どもがいるところもあった。当然学校に行けばいじめられるので、登校拒否になったそうだ。本当に「かわいそう」なのは誰なのだろうか？　誰がそうしたのだろうか？

多頭飼育の問題は、外見だけじゃない。どうしても狭い空間の中で暮らしており、散歩に行ったことがないので、外の世界に怯える犬になったり、足腰が弱かったり、近親交配をくり返すため、先天性の疾患を持って生まれる子犬もいる。とくに心臓疾患ともなると、寿命そのものが短く、二、三歳で亡くなることもあり、譲渡にも出せず、ここで死ぬまで面倒を見ることになる。そうやって亡くなった保護犬は一頭や二頭ではない。

でもそれが、その飼い主がした選択なのだ。「生命あるものと暮らすこと」がどういうことかを知らない飼い主が……。

そもそも、住んでいた家を追い出されそうになるような、「不幸な状況」を作り出したのは、無責任な飼い主自身の「弱さ」が原因だ。

動物を飼うなら問題なく飼える場所に住むこと、出産がコントロールできないなら去勢や避妊をすること、生まれた動物たちにも快適な環境を与えること、そのためにお金にゆとりを持った生活をすること……それは、人間も同じじゃないか？　子どもを産み育てられないなら避妊をするし、親になれば子どもたちの成長に適した環境を与えなければいけないし、そのためのお金も必要になる。

それは確かに簡単じゃないかもしれない。でも、動物の場合は手術でそれを防ぐことができる。「かわいそうだから」「お金がないから」という理由でそれをしないでおいて、「こんなはずじゃなかった！」「困った！」「なんとかして！」「自分も大変だったんだ！」なんて、虫のいい言い訳にしか過ぎない。生命のことを少しでも真剣に考えたら、わかるはずのことだからだ。

だから、「生命あるものと暮らす」ということは、犬だろうが人間だろうが、自分の行動に責任を持てる、強い人間にならなければいけないということだ。なにか問題が起きたときに「大家に追い出されるから」とか、「旦那と離婚されるから」とか、誰かのせいにしているようではいけない。そんな人は生命を守れない。

もし、あなたが、そうやって、誰かのせいにするような人間と一緒にいるのであれば、そこから逃げた方がいい。なぜなら、絶対に守ってはくれないからだ。守れないからだ。自分を守ってほしい人間が、どうやって他の者を守れるだろうか？

とくに子どもや犬たちは「弱者」だ。自分たちで逃げることはできない。だから、気づいた周りの人間が、なんとかしないといけないと強く思う。

実は「多頭飼育崩壊」するところの犬たちは、案外人なつっこい犬が多い。それもそうだ。

去勢や避妊をさせない飼い主は、基本的には動物好きだ。好きだから「かわいそう」となる。だから、犬も自然と人に馴れる。狭い社会のなかに生きているということもある。

だが、いいことばかりではない。犬たちは、愛情が不足しているからこそ、そうしていることを忘れてはならない。最初はあった飼い主の愛情が不足してきたり、犬が増えすぎて愛情が分散化してしまったりすると、余計吠えることになる。人間の子どもだって、きょうだいが多いところは、親の愛情を巡って争う。できる限りでいい、一人一人に愛情をかけてあげる必要がある。

育てる、ということは、責任もそうだが、愛情をかけ続けなければいけないことも、忘れてはならない。

それが、生命あるものと暮らすために必要なことなのだ。

強さと覚悟、それを持ってほしいと心から思う。

## 生命をつなぐ架け橋

いくら僕たちが生命を救っても、いくら僕たちが「人と犬のより良い共存」のために啓発活動をしても、次から次へと捨てられる犬は来る。これには、動物にまつわる社会の構造的な問題ももちろんある。いつか日本が「殺処分ゼロ」になっても、これは変わらないだろう。いや、むしろ、見かけだけのゼロになり、より見えなくされてしまう可能性すらある。

それでも、僕たちは今、目の前の生命を救うことに一生懸命、全力で取り組んでいる。それは、最初に祭を保護したときのような、「かわいそう」という感情だけではなく、これが僕たちの「仕事」になっているからだ。

僕たちは、自分たちのことを「生命の架け橋」だと思っている。

こういった不幸な環境にいる小さな生命たちを、幸せにしてくれる人につなぐという、架け橋。それがないと救われない生命があるからこそ、必要な架け橋……。もちろん本当は、動物を飼った人が、その動物と一生を添い遂げられるのだったら、それがいい。そうすれば、こんな仕事もなくなるはずだ。でも、それが叶わないのが現実だ。

でも、犬たちに罪はない。だから僕たちは、保護犬たちには精一杯のことをする。保護したときにするシャンプー、トリミングはもちろん、健康診断、ワクチン接種、避妊去勢手術、必要であれば治療のための手術も行う。費用は持ち出しだ。しかし、保護犬が増えていくと費用の負担が馬鹿にならない。譲渡するまでの間、散歩やトレーニングもするし、ドッグフードなども必要だ。高齢犬や病気の犬は、終生面倒見なければならない。ボランティアさんに手伝ってもらったり、病院で割引してもらったり、支援者の方から寄付などもいただいているが、決して楽ではなく、〈わんわん保育園〉や〈トリミングサロン〉の売り上げがなければすでに破綻している。それくらい、動物愛護というのは綺麗事だけでは成り立たないのが現実だ。しかし、ここ数年で状況が変わってきているのも感じる。海外のように、直接愛護団体を支援してくれる企業が出てきたり、アニマル・ドネーションのように、支援したい人や企業と愛護団体をつなぐ活動をしてくれる団体も出てきた。でも、逆にいえば、継続して活動するためには、そのくらい資金が必要になるということだ。

でなければ、本当に、「殺処分から救う」だけに終わって、治療もできず、一日じゅうケージに入れっぱなしで、自然死を待つようになってしまう。でも、そんなことにはしたくない。一人でも、一頭でも、きちんと生命を全うし、「人と犬のより良い共存」ができるように、活動を続けていかなければならない。

だから最近は、本当の意味での「保護」ではない、飼い主都合の飼育放棄の場合は、ワクチン代や去勢避妊手術費用の一部でもいいから持ってくれないかとお願いしている。だが、素直に払ってくれる人はまずいない。「愛護団体なのに金取るのか！」と言われることもある。愛犬家からすると当たり前に払っている「犬にかかる費用」も、犬に愛情を持たず、なんなら捨てたいと思っている人からすると、たとえ一円ですらムダなのだ。そもそも、タダで捨てられるから愛護団体を頼っているのに、金なんて請求される筋合いはない——口には出さなくても口ぶりからそう考えているのがよくわかる。だから、少しでもお金の話になると、「ほかを当たります」と言って電話を切られることがほとんどだ。

でも、そういうとき、僕たちは、その犬のことが気になって仕方がない。「そんな、愛情がない飼い主のもとにいて、どんなことをされるのか？」「危険がたくさんある山に放り出されたり、川に投げ捨てられたりするんじゃないのか？」「殺処分のある愛護センターに連れて行かれるんじゃないのか？」——そう考えて結局、こちらから電話をしてしまう。念のため、他の愛護団体にも聞いたのか確認すると、「他の団体でもお金を払ってと言われた」と言う。その残念な口ぶりを聞いていると、飼い主から愛情が感じられないので、もう、こちらも最低限のお金でいいから連れてきてと伝える。それで犬を連れてきたとき、渋々、ほんとうに渋々、お金を払っていく。「これだけしか払えない」と電話で約束していた金額の半分以下を持ってきた人もいる。言われなかったら出す気がない人もいて、予め封筒に入れておくことはせず、たいがいは財布から裸で出す（財布は立派だけども！）。でも、払ってくれるだけまだマシだ。「後で振り込みます！」と言って一切連絡がつかなくなった人もいる。一人や二人ではない。何百頭もの犬を引き取ったが、「親が大事にしていた犬だから……」と、気前よく払ってくれる人こそ、一人か二人だ。

そういう人たちに対しての怒りがないわけではない。でも、それは、僕たちに対しての怒りというより、これまで一緒に暮らしてきた家族に対して、最後のたむけぐらいキチンとできないのか、という怒りだ。

でも、その人たちは、それすらできない。

「愛情がない」「責任感がない」というのは、そういうことなのだ。はじめから動物を飼ってはいけない人なのだ。

でも、だからこそ僕たちは、そんな飼い主から保護した犬ほど、なんとか幸せになってもらいたいと思う。そして、世の中には、捨てる神あれば拾う神ありではないが、本当に神様のような里親さんもいる。

ミルクと同じ、「アカラス症」を発症していたミニチュア・シュナウザーを保護したときのこと。以前ここでミニチュア・シュナウザーを譲渡した里親さんに事情を説明したところ、喜んで引き取ると。そして、治療も自分たちしていくということで、車で小一時間ほど離れたところに住んでいるにもかかわらず、すぐに引き取りに来てくれた。もとの飼い主さんから受け取ったお金を手渡そうとしても、「ほかの保護の子に使ってやって!」と温かい言葉をくれた。もちろんすぐ、病院に行って治療を続けていったそうだ。

病気のある犬を引き取るのは、本当は大変だ。お金もそうだが、ずっと治療と付き合うのは、人間の介護でもキツいのは皆さんご存じの通り。犬の寿命は短いが、だからこそ進行が速く、一気に悲しい想いをすることもある。それでも、生命あるもののことを考えて、行動できる人がいる。僕たちは、その人たちの存在に、そういった人たちに生命をつなぐことができていることに、救われている。

譲渡した犬《コ》たちは、近くであれば〈わんわん保育園〉に通ってくれることもある。そのときの犬の顔を見れば、飼い主にとても大事にされて、幸せに暮らしているのがわかる。遠く離れたところに行っても、愛情のある里親さんは、どんな環境で過ごしているか写真と長い文章で教えてくれる。そんなとき、僕たちは心から嬉しくなる。僕たちが生命をつないだことで、人も犬も幸せになることができたからだ。

僕たちは、「動物たちのために何かしてあげたい」「生命を救うために何かしたい」と思える里親さんや支援者の方たちがいるから、飼育放棄する人たちに怒りを覚えながらも、この仕事を続けていけている。

だから僕たちも、保護した犬をそのまま渡すのではなく、里子に出すときは、できる限りのことをして送り出す。ギュッと抱きしめてもらえるように、キレイにシャンプーする。〈わんわん保育園〉も出演したテレビ番組「志村どうぶつ園」で相葉雅紀くんが保護犬をトリミングする企画があるが、本当にこういうことが大事だ。もちろん、里親さんたちは、保護犬が汚れているとか気にはしない人たちだ。それはわかっている。それでも、末永く愛されるよう、僕たちは犬たちの将来を思いながらシャンプーをしている。初めて会ったときに、思いっきりギュッと抱かれてなでられたら、犬だって嬉しいじゃないか。人に見捨てられた犬が、全力で愛されていることを実感できるためなら――。

僕たちの活動は、地味で、日の目を浴びることも少なく、報われないことも多い。でも、こうやって生命をつないでいくことが、「生命の架け橋」である僕たちにできること。あとは、飼い主さんと犬が幸せになっていくことを祈るだけだ。

でもきっと、犬だけじゃなく人間だって、こうやって生命をつないでいるはずだ。誰かがいて、自分がいる。自分がいて、誰かがいる。

僕たちはひとりで生きているわけじゃない。

誰かが生命をつないでくれているから、生きていられるのだから。

だからこそ、生命をつないでいくことが、大切なのだ。

**生命に〈まっすぐ〉生きろ！**

僕は、自分がどんなにツラくても「自殺しよう」と思ったことはない。与えられた生命を捨てることはできないからだ。

でも、今ちょうど、「死にたい」と思っている人もいるかもしれない。

もしそうだとしたら、僕は声を大にして言いたい。

「死んじゃ、ダメだ！」と。


僕はこの通り、いろんな失敗を乗り越えてここまでやって来た。別に頭がいいわけでも、運がいいわけでもない。ただ、目の前のことに、〈まっすぐ〉向き合ってきただけだ。そうしているうちに、デュッカをはじめ、たくさんの出逢いがあり、たくさんの学びがあり、たくさんの成長をして、今の僕がある（まだまだ成長は必要だけど……）。これは、自分の道だけど、僕ひとりではたどり着けなかった道だ。でもそれは、僕がその時々で「こうしよう」と自分の気持ちに素直に従ってきたから開けた道だ。


僕は今、たまたま犬の仕事をしている。

デュッカという一頭の犬との出逢いから、いつしか多くの犬を救うようになった。

僕が若い頃に思い描いたこともない未来だ。

でも、今の僕は、これが「天職」だと感じている。それは、僕が周りに生かされ、僕も周りに貢献できているからだ。これが、僕だけのための仕事だったらきっと、「天職」にはならなかったのだと思う。

犬たちは、「今」を生きている。

それと同じように、僕も「今」を生きている。五年後、十年後、こうなっているかも？という想像はするが、期待はしない。僕の人生はまったく思い描いたとおりになってはいないし（笑）、思い描いた通りの人生だったらきっと、つまらなかったとも思う。

正直、僕のやっていることは、いろんなことがあって、端から見たら大変なことだと思う。でも僕は、自分のやりたいことをやっているから、周りの人が思っているほど大変だとは思っていない（お金には困っているけれど）。

僕には、僕と同じ想いを持つ家族とスタッフ、僕のやりたいことを応援してくれる里親さんたちや支援者さんたちがいる。それは、決して僕が「立派な人間」だったからじゃない（あ、もう知ってるか）。

僕が、「目の前の小さな生命を救いたい！」という気持ちに、〈まっすぐ〉だったからだ。周りの人は、僕のことを応援しているんじゃなくて、そんな、僕の「想い」そのものを応援してくれているのだ。

そんな僕が言えるのは、もし今、「自分なんてダメだ！」「もうこれ以上頑張れない！」「今がツラすぎるから死にたい！」という気持ちになっていたとしても、その気持ちに囚われずに、目の前にある、自分にできること、自分がやりたいと思っていることに、〈まっすぐ〉ぶつかっていってほしいということ。別に、保護活動を、なんてことじゃなくて、なんだっていい、自分の生命を燃やせる何かを。誰かのためになる、何かを。

こういった小さな生命のことばかりじゃなく、自分自身の生命を大事にして、強く生きてほしい。そうすれば結果として、他の生命を守れるようになるから。

これまで見てきたように僕だって、いきなり保護活動から始まったわけじゃない。自分の生活のため、デュッカという大事な家族と一緒にいたいと思って歩き始めた道だった。それが、ここまで来られた。

僕がメディアに出て「殺処分ゼロにしたい」と言っていた頃は、誰もが「殺処分ゼロなんて無理」なんて言っていたけど、実際、できたんだ。

それは僕一人が実現したことじゃないけど、自分の気持ちに正直に、まっすぐに生きてきたら、想いを同じくする人たちと出逢い、その人たちの力もあって、一緒になってやれたからできたことだ。

もちろん、人生は困難の連続だ。簡単にいかないことも多い。でも、すぐにはムリかもしれないが、どんなにツラい状況でも、いつかきっと、道は開ける！

僕みたいな、ダメな人間でも、〈まっすぐ〉ぶつかって、状況を変えて来られたんだ！

僕は、何度も何度もころび、何度も何度も壁にぶつかった。

そして今も、次から次へとやってくる困難とぶつかり、いつも「どうすることが人と犬にとって幸せなのか？」という壁にぶつかっている。咬みつきグセが直らないメイやヒカルはどうしたらよかったのか？　僕と袂をわかった人たちに、どうやって応援してもらえばよかったのか？　僕のところを辞めたスタッフを、どうやったらもっと成長させられたのか？　どうやったら「人と犬のより良い共存」ができるのか？

できなかったことをあげればキリがない。それでも、犬たちのように、前を見て進まなければいけない。未来は、前にしかないからだ。

僕には、僕を必要とする人たち、そして犬たちがいる。

だから僕は今日も、今に全力に、前だけ見て〈まっすぐ〉突っ走る。

デュッカと出逢って見つけた僕の道を――。

# あとがきにかえて

「これまでの人生を本にしましょう」

僕にそう言ってきたのは、本にも登場したボーダー・コリー〈ジェシー〉の里親さんである田中さんだ。田中さんは、ＮＰＯ活動を始めてから保育園に来たお客さんだったのだが、夫婦共々犬への愛情はもちろん、人に対しての愛情がある人で、僕や妻が困ったときには快く相談に乗ってくれ、僕の講演活動でのスライド作りをしてくれたり、スタッフに対して研修をしてくれたり、僕の不注意で建物の保険に入っておらず台風で屋根が吹き飛んだときも、クラウドファンディングで修理費用を集めてくれたり、地域の子どもたちのために寺子屋をつくったり、とにかくアイディアが次から次へと出てくる多才な人で、将来の夢は作家だそうだ。そんな田中さんが、自身の本ではなく、僕についての本を出すべきだと言ってきたのだ。

僕はこれまで、利用者さんに保護のための資金集めにもなるので、「しつけの本を出した方がいい」と言われることもあったが、本文にも書いたように、僕は（テクニックも確かに必要だけど）安易にマニュアル化するよりも、まずは「目の前の犬と向き合うことを飼い主さんに伝えることを優先したい」ということもあって、あまり乗り気にならなかったし、まして僕自身のことを書いて本にするなんて思ってもみなかった。

確かに、端から見たら波瀾万丈の僕自身の人生をメディアで取り上げられることもあるが、それはもともと性格的にお調子者の目立ちたがり屋ということもあるし（もちろん、啓発の意図の方が強いけどね！）、たまたま注目されることをやっているだけで、とくに自分がすごい人間だとは思っていない。むしろ、自分自身、「たいしたことないな」「小っちぇえな」と思うことも多い人間だから、そんな自分が本に？　という感覚だった。

でも、田中さんは僕の講演活動のために、僕ですら忘れていたような過去を掘り起こしながら、何か、世に伝える価値があるモノを見つけたようだ。僕も、田中さんと話すうちに、自分がなぜあのときあんなことをしたのか、なぜこうなったのか、そういったことも冷静にふり返って、考えられる機会が増えた。それと同時に、僕がこの道に入ってからの〈生命《いのち》〉にまつわるエピソードや、時代の変化を伝えること、そこで、ただの凡人である僕が、何をして、どうなったのか、そして、それを知った人たちに、これからどうなっていってほしいのかを伝えることも、決して無駄ではないと思うようになった。また、ＰＴＡや地域の役員をやることになって、現代の子どもたちの置かれている環境が、犬たちと重なる部分が多いことも知り、僕の犬との経験が、子育てに悩む親世代の役に立てるのではないかとも考えた。

そして、親世代も子世代も、動物を飼っている人も飼っていない人も、どんな人たちでも、僕の本を読んだ人が、一人でも自分の生命を大事にして、他の生命も大事にしてくれるようになれば——僕のこの、失敗だらけの人生を語ることも、決して無駄じゃないと思えるようになった。

しかし、いざ本を書くとなると、僕は高卒の叩き上げで、料理の世界、犬の世界ともに自分の腕一本でやってきた人間だが、とてもじゃないが自分一人でできる気がしなかった。だから、言い出しっぺの田中さんの全面協力を得た。

僕は犬と同じで、思ったら深く考えずに行動する本能的な人間だ。だから、人だろうと犬だろうと、目の前のことに対して、常に感情をハッキリ出して、まっすぐ向かっていく。犬は感情の動物だから、僕みたいに「これはダメ」「これは良い」とハッキリした態度で接する人間の言うことはよく聞く。さらに僕は、まっすぐどこまでも行けるタイプだから、「やりきる」ことができる(これができない飼い主さんが多い)。だからどんな犬でも、僕の前では大人しくしているし、叩いて従わせる必要もない。でも、人間は犬と違う。熱い想いをストレートにぶつけて、それを素直に受け止めてくれる人もいるけれど、なかには引いてしまったり、ウザったく感じて敬遠したりする人もいるし、反感を買うこともある。

でも、真の動物愛護、「人と犬のより良い共存」のためには、僕の想いを、動物を飼っている人だけではなく、むしろ動物を飼っていない人にまで、正確に届ける必要がある。そこで田中さんが果たした役割は大きい。常に一歩引いた状態で僕のことを見て、どうしたら僕の想いが確実に、そしていろんな立場の人に届き、真剣に考えてもらえるようにできるのか――そういったことを踏まえた上で、想いを形にするためのプロデュースをしてくれるのが田中さんだ。だから、講演でも何でも、僕の想いを多くの人に届けるためには、なくてはならない相棒である。

僕のできることは知れているが、僕の想いが少しでも多くの人に届き、人間だとか犬だとか関係なく、一つでも多くの生命が救われ、そして、幸せになれることを願うばかりだ。

僕がここまでやって来られたのは、本文にもあるように、いろんな人たちとの出逢いがあったからで、その一人でも欠けたら、今の僕はいなかったといってもいい。紙面の都合上、そのすべての人を載せることはできないが、最後に、できる限り感謝の想いを伝えたい。

いろいろなことを教えてくれたブリーダーさん、トリマーさん、訓練士さんや、さくらアパートメントのオーナーさん、僕に専門学校の講師を依頼してくれた鈴木さんがいなかったら、犬の仕事を続けている今の僕はなかった。

譲渡ボランティアが始まる前に犬を譲渡してくれた、当時の愛護センターの所長さん、センターの職員さん。とくに、僕の活動をずっと応援してくれ、常に矢面に立ってメディア対応をされるセンターの鳴海さん。市議会で「殺処分ゼロ」を提議し、自身も保護犬の里親になってくれた松井議員。この人たちが、名古屋市の「犬の殺処分ゼロ」実現に果たした役割は大きいと思っています。

また、僕たちの活動を世に広めてくれた、メディアの方々。地方の一愛護団体である我々に支援をくださる企業や団体の方々。講演に呼んでくださる学校や団体の方々がいて、僕たちの活動が多くの人に知られ、少しずつ犬たちの環境がよくなっていることもありがたく感じています。

直接的な支援でいえば、〈わんわん保育園〉や〈トリミングサロン〉に通ってくれるお客さんたち、保護犬の里親になってくれた方々。多数の犬が出入りするここを迷惑がるどころか、里親にもなってくれた地域の方々。この方々がいればこそ、僕たちの活動が成立しています。また、支援者さんたちの寄付や物資の支援があるからこそ、その活動が継続でき、「犬たちのためにありがとう」という言葉は、僕たちの原動力になっています。ワンマンで古いタイプの人間である僕のもとで、犬と飼い主さんのために全力で活動するスタッフ、元スタッフ。ボランティアの方々。何かにつけて助けてくださる小笹さん、平野さん。いろいろと助けてくれる伊藤さん夫妻、この本を作るきっかけとなり、すべての面で助けてくれた田中さんと、子どもたちと遊んでくれるその奥さん。

皆さんのお力添えがあって、活動が続けていけています。ありがとうございます。

寄稿していただいた、動物医療センターもりやま犬と猫の病院の淺井院長には、いつも治療費を割引してもらい、難手術であっても果敢に挑んでいただき、多くの生命を救うことができています。だから僕も、院長がダメと言うならあきらめがつきます。そんな院長と動物愛護の未来を語り合う時間が、僕の活力になっています。これからも共に、「真の動物愛護」のため、タッグを組んでやっていきましょう。お願いします。

最初の頃からのお客さんで、デュッカと親戚のダックス〈ラウレア〉を飼っている美容室サンライズの清水オーナーとは、オーナーが僕の髪をカットし、僕がラウレアをトリミングするという気の置けない間柄で、二人でたわいもない会話をすることが、忙しい僕のつかの間の癒やしになっています。美容室のお客さんにここを紹介してくれたり、里親さんを見つけてくれたり、昔から僕の最大の応援者でいてくれることに感謝しています。
すべての出逢いに意味があり、すべてが僕を強くしてくれた。
ありがたい気持ちで一杯です。

最後に、今では一番の理解者である両親、普段から僕のことを全面的に支えてくれ、時に他の人が言えない厳しい指摘をしてくれる妻、そして生命を大切にすることを当たり前と思って育ってくれた、かわいい二人の娘たち、ここに来てくれたたくさんの犬たちと、僕にこの道まで導いてくれた、愛犬デュッカに、深い愛と感謝を込めて結びとしたい。

小さな生命一つ一つを等しく愛する妻と保護犬たち

# 誰よりも〈まっすぐ〉で優しい男

動物医療センターもりやま犬と猫の病院　院長／獣医師　淺井亮太

私は、獣医師として、一般の動物病院に来院される飼い主さんだけでなく、獣医師を含む動物関係の仕事をしている方と接する機会があります。そのなかで、髙橋さんの話をすることがあります。なかには髙橋さんのことを知らない方も、もちろんいます。そのようなときには、決まってこのように言うようにしています。

「髙橋さんをご存じないですか？　動物たちの生命《いのち》のことを一番に考えており、動物たちのことで、いろいろ協力してもらっている有名な方です」

私としては、動物に関わる仕事をしている人には、我々獣医師以上に動物たちのために活動している、「ＤＯＧ《ドッグ》　ＤＵＣＡ《デュッカ》の髙橋忍」をぜひ知っておいてもらいたい、という気持ちになります。

獣医師という仕事は、皆さんご存じのように動物たちの生命を救う仕事です。もちろん私もその一人で、動物を救いたくて獣医師になり、地域医療の中心となれるようにと動物病院をつくり、病院での診療のみならず、臨床の現場の声を大学などの研究者に届けたり、「動物も人間と同じように病気を予防することで救える生命がある」という考えから、全国の獣医師と一緒になって、動物の健康管理と予防医療を広める、「チームＨＯＰＥ」という活動をしたりしています。

しかし、そのようなことをしても救えない生命があります。

ひとつは、犬や猫の殺処分です。迷子になった動物や、飼い主さんに飼育を放棄された動物は、保健所や動物愛護センターなどに集められ、引き取り手がなければ殺処分されます。環境省によると、二〇一七年度は、犬と猫合わせて年間で約四万三千頭も殺処分されました。そのほとんどは、一週間前までは普通に飼い主さんと暮らしていた動物たちですが、動物病院にいる我々獣医師が日々の診療において出会えなかった生命です。

もうひとつは、虐待によるものです。日々の診療で見つかればもちろん別ですが、我々獣医師は、人に飼われている動物すべてが動物病院に連れて来られるとは思っていません。なぜなら、人間の児童虐待と同様、虐待を行う人は、発覚を恐れて病院に連れて来ないからです。場合によっては、生命に関わることもあり、それは我々動物病院の獣医師が救えていない可能性もあります。もちろん獣医師であれば、動物病院に来たときに虐待が疑われる場合はすぐに、飼い主さんにしつけの話をしたり、治療もしたりしますが、その前段階で獣医師が出会えない生命を、まさに現場で救っているのが、髙橋さんをはじめとするＤＯＧ　ＤＵＣＡの方々です。髙橋さんは、飼い主さんが亡くなったり、虐待をされていたり、殺処分寸前となった犬たちを保護し、新しい里親さんを見つけ、譲渡していきます。これは、なかなか普通にはできない、しかし絶対に必要不可欠な、生命を救う仕事です。とくに髙橋さんは、ただ犬を保護して譲渡するだけではなく、ドッグトレーナーとして、引き取り手が見つかりにくい（つまり真っ先に殺処分されてしまう）犬を率先して引き取り、社会復帰をするための社会性トレーニングをした上で譲渡先を探す活動もされています。これは、いくら犬に関わる仕事をしていたとしても、誰でもできることではありません。相当の覚悟と、強い意志があってできることです。

先ほど、現在の殺処分数を紹介しましたが、一昔前、たとえば二〇〇一年度であれば、今の十倍以上の約四十九万頭もの犬や猫が殺処分されていました。「殺処分ゼロなんて夢のまた夢」という時代です。しかし髙橋さんは、その当時から「殺処分はダメだ!」と声を上げ、大きな壁に対して、常人には真似できない方法で、まっすぐな想いで、それこそ体当たりでぶつかってきました。詳しいことは本編に書かれていますが、その、髙橋さんのまっすぐな想いと、どんな困難にも負けずに突破していく行動力によって、ここ、名古屋市での「犬の殺処分ゼロ」が実現したのだと思っています。

とはいえ、髙橋さんは、動物のこと「だけ」考えている人ではありません。

「犬が好き」「猫が好き」という感情は、一方的に好きすぎる想いだけが先行し、不幸な結末となっていることも少なくありません。たとえば、動物病院では、「かわいいから」と動物に過剰に食事を与えすぎた結果、大きな病気にしてしまっているケースを見かけたことがあります。愛護は愛護でも、「とにかくかわいそう」という意識が過剰になりすぎて動物のことしか考えられなくなり、周囲と軋轢を生んでいるケースもよく聞きます。

しかし、髙橋さんは一方的に好きすぎる想いが先行することはなく、一言で言えば「バランス」

がいいと思います。私は仕事柄、「動物が大好き」という人を何人も見てきましたが、髙橋さんほど動物への真の愛情が深い人を見たことがありません。なぜなら、髙橋さんは動物だけを見ているわけではないからです。髙橋さんは、犬とまっすぐ向き合うと同時に、動物の飼い主さんである人間とも向き合おうとします。なぜそんなことをするのか？　その秘密は、髙橋さんのこんな口癖に隠されていると思います――「飼い主さんが幸せにならないと、犬も幸せになれないんだ」。

「動物愛護がしたい」「犬を救いたい」「猫を救いたい」と言う人は何人もいます。でも、髙橋さんのように、飼い主さんのことまで救おうとする人はそういません。それは、髙橋さん自身が人間に対しても愛情深い人だからでもありますが、髙橋さんがことあるごとに言うように、ご自身が「愛犬デュッカに救われた」ということも大きいのでしょう。人間目線で「かわいそう」と思うだけではなく、不幸になった動物たちの目線になり、どうしたら彼らが幸せになれるのかを真剣に考え、試行錯誤を続けながら活動するうちに、「動物たちが幸せになるためには、一緒にいる人間も幸せにならないといけない」という結論にたどり着いたのだと思います。私も、獣医師は動物のことだけ救うのではなく同時に、飼い主さんのことも救わなければならないと考えてやって来たので、よく理解できます。

髙橋さんとは、その結論に至る道のりは違えど、動物への想いは一致していたのです。

それくらい動物への真の愛情が深い髙橋さんだからこそ、本業のドッグトレーナーだけにとどまらずに活動をされているのだと思います。たとえば、学生たちに動物行動学や心理学を教えたり、老人ホームや養護施設などにアニマルセラピーに出かけたり、犬に社会性を身につけさせるための「犬の保育園」を作ったり、飼い主さん向けの「しつけ教室」も行っています（私の病院でもしつけ教室をやってもらっています。とても好評です）。髙橋さんから「飼い主さんに正しいことをきちんと伝えられるようになりたいから」とお願いされ、犬の手術を見学されることもありました。髙橋さんはいろいろな犬を救われていますから、その時々で髙橋さんが病気のことでわからないことがあればすぐに質問してきてくれます。ただ、髙橋さんは勉強熱心な方なので、専門家でも判断が難しいことでも、さわりを話せばすぐに全体像を理解し、瞬時にベストな対処法にたどり着きます。その姿勢はまさに、動物のプロだと感じます。髙橋さんは、そのなかでも「一流」と言っていいでしょう。それもこれも、動物と、そして飼い主さんへの愛情がとことんあるからこそ、できることだと思います。動物のこと、そしてそれに関わる人たちのことに、常にまっすぐで、常に真剣なのです。

そのような髙橋さんが犬の保護活動をするのですから、「生命だけ救えればいい」なんてことに満足するはずがありません。譲渡される犬にとっても、譲渡先の里親にとっても必ず幸せが築けるよう、全力を尽くしてくれるはずです。

髙橋さんと出逢えた犬も人も、きっと幸せなことでしょう。

髙橋さんはこのように、常に真剣で、まっすぐな人ですが、それは、犬のこと以外にも言えます。髙橋さんの人柄がにじみ出たエピソードを紹介しましょう。

個人的な話で恐縮ではありますが、動物病院で受付を手伝ってくれていた私の母が大病になって入院したときのことです。髙橋さんは、面会謝絶の母に対して、お見舞いのお花とともにお手紙を書いてくださいました。

そこには、生命を救い続けるためには自分だけではできないということ、そしてそのためには引き続き私たちの動物病院の力が必要だということ、そして母に対し、息子である私を育ててくれたことに対する感謝が綴られており、母は、その手紙を亡くなるまでずっと大切にしていました。

母は、「動物の素人」でした。しかし、その目線は、私の動物病院を手伝い始めてからも変わらず、常に飼い主さん側、動物側の気持ちに立てる人でもありました。そんな母だから「動物の仕事に関わる人は、ちゃんとしている人じゃないといけない」「動物愛護はかくあるべき」という想いの強い人でもありました。そこにピタリと当てはまったのが、不幸な犬のためにボランティアで動物を病院に連れて来る髙橋さんでした。当時はまだ愛護センターからの引き取りはできませんでしたが、髙橋さんは、不幸な犬がいる、センターに連れて行かれそうな犬がいるとわかれば、すぐ飛んで行って保護し、病院に連れて来て健康診断を受けさせ、必要であれば自費で手術も受けさせる……それは一頭や二頭ではなく、場合によっては毎日ということや、一日に何回も連れて来ることもありました。

そんな姿を見ていた母は、常々、髙橋さんについて、

「この人は本物だと思うよ。おそらくあなたとずっと関わる人だと思う」

と予言めいたことを言っていました。

また別の日に、母の病室で私が病院のスタッフの話をしていれば、

「髙橋さんは最近どうしてるの？」

と常に気にかけて聞いてきました。髙橋さんと母との間に特に深い会話はなかったそうですが、通じる想いがあったのでしょう。最期まで母は髙橋さんのことを案じ、そして髙橋さんに、自分の想いを託したのです。


このように髙橋さんは、まっすぐで、誰よりも愛情の深い、優しい人です。しかしそれだけではなく、関わる人たちを幸せにしてくれる人でもあります。

私に対してもそうです。髙橋さんは私に会うたびに「獣医師である淺井先生がいるからこそ、生命を救う活動が続けられるんです」と感謝を伝えてくださいますが、我々の方こそ、髙橋さんがいなければ救えなかった生命を救うお手伝いをさせてもらっていることに、逆に感謝したい気持ちで一杯です。

社会はまだまだ動物にとって満足するような環境ではありません。だからこそ、髙橋さんたち

が満足いくようなことはほとんどなく、また、その労力に見合う正当な評価もされておらず、本当に大変だと思います。そんななかでも髙橋さんは、動物と飼い主のために、まっすぐ前だけを見て、どんな困難があろうと突き進む力を持って活動を続けていらっしゃいます。

そしてそんな髙橋さんを見て私は、「本物の人」と付き合えたなと、いつも嬉しい気持ちになるとともに、この大切な関係をこれからも続けていきたいと思うのです。

同じ想いを持つ、最高の同志として。

高橋忍（たかはし　しのぶ）
飲食業での大失敗の後、淋しい気持ちを救ってくれた愛犬ＤＵＣＡとの出逢いから一念発起して犬の世界に。わんわん保育園ＤＵＣＡのドッグトレーナーとして1000頭以上の犬と向き合いながら、殺処分寸前の犬たちの保護活動を精力的に行うＮＰＯ法人ＤＯＧＤＵＣＡ代表。
1963年、名古屋市生まれ。
http://dogduca.sunnyday.jp/

田中聖斗（たなか　きよと）
人の心情を正しく理解し、伝えるために独学で心理学、行動学を学び、独自のプロファイリング法、表現手法を構築し、現在はそれを活かして「想いを形にする」作家、企画コンサルタント、教育家として活動する。
1978年、名古屋市生まれ。
http://delight-biz.com/

＊この本の売り上げの一部は犬の保護活動のために使われます。

装丁　三矢千穂

ころんでも、まっすぐに！
―犬に救われたドッグトレーナーが見つけた〈生命〉をつなぐ道―
２０１９年８月２日　初版第１刷　発行
著　者　髙橋忍＋田中聖斗
発行者　ゆいぽおと
〒４６１－０００１
名古屋市東区泉一丁目15－23
電話　０５２（９５５）８０４６
ファクシミリ　０５２（９５５）８０４７
http://www.yuiport.co.jp/
発行所　ＫＴＣ中央出版
〒１１１－００５１
東京都台東区蔵前二丁目14－14
印刷・製本　モリモト印刷株式会社
内容に関するお問い合わせ、ご注文などは、
すべて右記ゆいぽおとまでお願いします。
乱丁、落丁本はお取り替えいたします。

ISBN978-4-87758-479-5 C0095

ゆいぽおとでは、
ふつうの人が暮らしのなかで、
少し立ち止まって考えてみたくなることを大切にします。
テーマとなるのは、たとえば、いのち、自然、こども、歴史など。
長く読み継いでいってほしいこと、
いま残さなければ時代の谷間に消えていってしまうことを、
本というかたちをとおして読者に伝えていきます。